U0396466

环境通识实验

施召才 主编

华南理工大学出版社
SOUTH CHINA UNIVERSITY OF TECHNOLOGY PRESS

·广州·

图书在版编目（CIP）数据

环境通识实验/施召才主编 . —广州：华南理工大学出版社，2017.7

ISBN 978 – 7 – 5623 – 5291 – 4

Ⅰ.①环… Ⅱ.①施… Ⅲ.①环境教育 – 教材 Ⅳ.①X – 4

中国版本图书馆 CIP 数据核字（2017）第 114391 号

Huanjing Tongshi shiyan

环境通识实验

施召才 主编

出 版 人：卢家明

出版发行：华南理工大学出版社

（广州五山华南理工大学 17 号楼，邮编 510640）

http://www.scutpress.com.cn   E-mail：scutc13@ scut.edu.cn

营销部电话：020 – 87113487   87111048（传真）

责任编辑：吴兆强

印 刷 者：广州市穗彩印务有限公司

开 本：787mm×960mm   1/16   印张：7   字数：172 千

版 次：2017 年 7 月第 1 版   2017 年 7 月第 1 次印刷

印 数：1～1000 册

定 价：20.00 元

目　　录

第一部分　实验室基础知识

第一节　基本要求

为培养学生的科学实验能力，养成良好的实验习惯和严谨细致、实事求是的科学态度，使实验达到预期的目的，取得较好的实验结果，实验基本要求如下：

（1）实验前认真预习。实验前要做好充分的预习，做到心中有数。弄懂实验原理和方法，熟悉实验步骤、操作方法及注意事项，将实验步骤提炼简化，写出实验提纲，使自己一目了然，避免机械地履行手续，看一句做一句。

（2）实验时认真操作和记录。实验时应正确操作，仔细观察，善于思考，合理安排时间，保持实验仪器整齐清洁，将各种测量数据及相关现象及时准确地记录在记录本上。实验数据当场交由主讲老师签字确认。记录实验数据要实事求是，切忌带有主观因素，更不能为了追求得到某一结果，擅自更改数据。不得将实验数据随意记在纸片上或其他任意地方。实验完毕要清洗仪器，将有关仪器和试剂放回原处，打扫卫生，关好水、电及门窗。

（3）实验后认真撰写实验报告。实验结束后，根据实验记录，对实验现象和数据进行归纳、计算和总结，写出实验报告。实验报告的具体内容及格式因实验类型而异，一般包括以下内容：实验编号、实验名称、实验目的、简要实验原理、主要试剂和仪器、简要实验步骤流程、实验数据及其处理、误差及误差分析。

对于实验数据及其处理，应用文字、表格、图形将数据表示出来。按实验要求及计算公式，计算出分析结果，并进行有关数据的误差处理，尽可能地使记录表格化。

第二节　实验室安全知识

环境分析实验中，经常使用水、电、大量易破损的玻璃仪器和一些具有腐蚀性甚至易燃易爆或有毒的化学试剂。为确保人身和实验室的安全且不污染环境，实验中须严格遵守实验室的安全规则。主要包括如下规则：

（1）禁止将食物和饮料带进实验室，实验中注意不要用手摸脸、眼等部位。一切化学药品严禁入口，实验完毕必须洗手。

（2）使用浓酸、浓碱以及其他腐蚀性试剂时，切勿溅在皮肤和衣物上。涉及浓硝酸、盐酸、硫酸、高氯酸、氨水等的操作，均应在通风橱内进行。实验中强酸、强碱、刺激性液体等不慎溅到、流到皮肤、眼睛、衣物上时，应首先用大量的清水冲洗，再视情况进行处理（如强酸入眼可用稀氨水清洗，强碱可用稀硼酸清洗）。需要时送医院治疗。夏天开启浓氨水、盐酸时一定先用自来水将其冷却，再打开瓶盖。使用汞、汞盐、镉盐、六价铬、砷化物、氰化物等剧毒品时，要实行登记制度，取用时要特别小心，切勿泼洒在实验台面和地面上，用过的废物、废液切不可乱扔，应分别回收，集中处理。实验中的其他废物、废液也要按照环保的要求妥善处理。

（3）注意防火。实验室严禁吸烟。万一发生火灾，要保持镇静，立即切断电源和燃气源，并采取针对性的灭火措施。一般的小火用湿布、防火布或沙子覆盖燃烧物灭火。不溶于水的有机溶剂以及能与水起反应的物质，如金属钠，其一旦着火，绝不能用水浇，应用二氧化碳灭火器灭火。如电器起火，不可用水冲，应当立即切断电源，用1211（二氟一氯一溴甲烷）灭火器灭火。如情况紧急应立即报警。

（4）使用各种仪器时，要在教师讲解或自己仔细阅读并理解操作规程后，方可动手操作。

（5）安全使用水、电。离开实验室时，应仔细检查水、电、气、门、窗是否关好。

（6）如发生烫伤和割伤应及时处理，严重者应立即送医院治疗。

第三节 环境监测常见器皿

在环境监测过程中，化学定量分析（尤其是滴定分析）中常用的器皿大部分属玻璃制品，按玻璃材质的性能，有的玻璃器皿，如烧杯、烧瓶、锥形瓶和试管可加热，而如试剂瓶、量筒、容量瓶、滴定管等各类器皿都不能用于加热。另外，还有特殊用途的玻璃器皿，如干燥器、漏斗、称量瓶等。在实验中，应根据具体要求来选用器皿。环境监测常见器皿见表1－1。

表1－1 环境监测常见器皿

名 称	简图	主要用途	名 称	简图	主要用途
容量瓶		配制准确体积的标准溶液或被测溶液	烧杯		配制溶液、溶解样品等
蒸发皿		可用于蒸发浓缩溶液或灼烧固体的器皿	刻度吸管		准确地移取各种不同量的液体
称量瓶：a. 矮型 b. 高型		矮型用于测定干燥失重或在烘箱中烘干基准物；高型用于称量基准物、样品	表面皿		盖烧杯及漏斗等
碱式滴定管		容量分析滴定操作	碘瓶		碘量法或其他生成挥发性物质的定量分析

2

名　称	简图	主要用途	名　称	简图	主要用途
试管		定性分析检验离子	酸式滴定管		容量分析滴定操作
量筒		粗略地量取一定体积的液体用	离心试管		离心试管可在离心机中借离心作用分离溶液和沉淀
滴瓶		装需滴加的试剂	细口瓶		用于存放液体试剂
广口瓶		用于装固体试剂	锥形瓶		加热处理试样和容量分析滴定
抽滤瓶		抽滤时接受滤液	漏斗 a. 长颈 b. 短颈	a　　b	长颈漏斗用于定量分析,过滤沉淀;短颈漏斗用作一般过滤
干燥器		保持烘干或灼烧过的物质的干燥;也可干燥少量制备的产品	垂熔玻璃漏斗(砂心漏斗)		过滤
研钵		研磨固体试剂及试样等	坩埚钳		通常用来夹取坩埚。一般由不锈钢,或不可燃、难氧化的硬质材料制成
布氏漏斗		用来使用真空或负压力抽吸进行过滤	培养皿		主要用于微生物或细胞培养的实验室器皿

名　称	简图	主要用途	名　称	简图	主要用途
坩埚		用于溶液的蒸发、浓缩或结晶的实验器皿	药匙		取用粉末状或小颗粒状的固体试剂的工具，通常由金属、牛角或者塑料制成
比色管		比色、比浊分析	镊子		用于滤膜、块状药品或金属颗粒的取用
洗瓶		装纯化水洗涤仪器或装洗涤液洗涤沉淀	比色皿		分光光度计配套，装样品分析吸光度、透过率等参数
胶头滴管		吸取或滴加少量液体试剂	试管架		放置试管
试管夹		夹持试管加热	洗耳球		主要用于吸量管定量抽取液体
水样瓶（溶氧瓶）		采集水样或其他液体样品	漏斗架		过滤时放置漏斗

第四节 实验室常见仪器

实验室常见仪器见表 1-2。

表 1-2　实验室常见仪器

名　称	图　片	主要用途	名　称	图　片	主要用途
pH 计		测定液体的酸碱度（pH 值）	环境振动仪		分析环境振动强度
电导率仪		测定液体电导率	噪声仪		分析环境噪声污染
浊度仪		测定水体浊度	风速仪		测定风速
溶氧仪		测定水中溶解氧（DO）的浓度	烘箱		器皿、试剂、样品烘干
可见光分光光度计		常用于可见光比色法分析	马弗炉		高温灼烧
紫外-可见光分光光度计		与可见光相似，可分析紫外区	智能中流量采样器		测定大气 TSP，加配切割器可测定 PM10、PM2.5
测氡仪		分析环境中放射性的污染	电磁辐射测定仪		分析环境中电磁辐射的污染
手持式五组分汽车尾气分析仪		测定汽车尾气含量	甲醛测定仪		测定空气中甲醛的含量

第二部分 水污染与控制技术

第一节 水污染与控制概述

一、环境监测常见指标

水质即水的品质，是指水中杂质的种类和含量。自然界中的水并不是纯粹的氢氧化合物，水中含有许多杂质。因此，水与其中所含杂质共同表现出来的物理、化学和生物学的综合特征就形成了水质。在环境保护中，常用"水质指标"来衡量水质的好坏，也就是表征水体受到污染的程度。反映水质指标有物理性指标、化学性指标和生物学指标三大类。

水体污染指标包括生化需氧量、化学需氧量、总需氧量、总有机碳、悬浮物、有毒物质、大肠菌群数、pH 值等，常见水质指标见表 2 - 1。

表 2 - 1 常见水质指标

指标		指 标 说 明
物理性指标	温度	温度过高，水体受到热污染，不仅使水中溶解氧减少，而且加速耗氧反应，最终导致水体缺氧或水质恶化
	色度	感官性指标。纯净天然水无色透明，水体受污染后可使水色发生变化，从而影响感官。如印染废水污染往往使水色变红，炼油废水污染可使水色变黑褐等。水色变化不仅影响感官、破坏景观，有时还很难处理
	嗅和味	感官性指标。天然水无嗅无味，当水体受到污染后会产生异样气味
	固体物质	水中所有残渣的综合成为总固体（TS），包括溶解性固体（DS）和悬浮性固体（SS）
有机物指标	生化需氧量	生化需氧量（biochemical oxygen demand, BOD），或生化耗氧量（五日化学需氧量），表示水中有机物等需氧污染物质含量的一个综合指标。生化需氧量是指在规定的条件下，微生物分解水中的某些可氧化的物质，特别是分解有机物的生物化学过程消耗的溶解氧。其值越高说明水中有机污染物质越多，污染也就越严重
	化学需氧量	化学需氧量（chemical oxygen demand, COD），是以化学方法测量水样中需要被氧化的还原性物质的量。废水、废水处理厂出水和受污染的水中，能被强氧化剂氧化的物质（一般为有机物）的氧当量。在河流污染和工业废水性质的研究以及废水处理厂的运行管理中，它是一个重要的而且能较快测定的有机物污染参数，常以符号 COD 表示

指标		指 标 说 明
有机物指标	总需氧量	总需氧量（total oxygen demand，TOD），是指水中能被氧化的物质，主要是有机物质在燃烧中变成稳定的氧化物时所需要的氧量，结果用每升水里氧气的毫克数表示
	溶解氧	空气中的分子态氧溶解在水中称为溶解氧（dissolved oxygen，DO）。在自然情况下，空气中的含氧量变动不大，故水温是主要的因素，水温愈低，水中溶解氧的含量愈高。溶解于水中的分子态氧称为溶解氧，通常记作 DO，用每升水里氧气的毫克数表示。水中溶解氧的多少是衡量水体自净能力的一个指标
无机物指标	植物营养元素	废水中 N 和 P 为植物营养元素。过多的 N 和 P 进入天然水体易导致富营养化。就废水对水体富营养化作用来说，P 的作用大于 N
	pH 值	反映水的酸碱性。天然水体的 pH 值一半为 6～9。测定和控制废水的 pH 值，对维护废水处理设施的正常运行、防止废水处理和运输设备的腐蚀、保护水生生物的生长和水体自净功能都有重要的意义
	有毒物质	有毒物质是指达到一定浓度后对人体健康和水生生物的生长造成危害的物质。有毒物质的含量是废水排放、水体监测和废水处理中的重要水质指标。国际上公认的六大毒物是非金属的氰化物（CN⁻）、砷化物（As）和重金属中的汞（Hg）、镉（Cd）、铬（Cr）、铅（Pb）
生物学指标	细菌总数	反映水体受细菌污染的程度，但不能说明污染的来源，必须结合大肠菌群数来判断水体污染的来源和安全程度
	大肠菌群	水是传播肠道疾病的一种重要媒介，而大肠菌群被视为最基本的粪便传染指示菌群。大肠菌群的值可表明水体被粪便污染的程度，间接表明有肠道病菌（伤寒、痢疾、霍乱等）存在的可能性

二、废水处理技术

污水处理的目的，就是采用各种方法将污水中所含有的污染物分离出来，或将其转化为无害和稳定的物质，从而使污水得到净化。现代的污水处理技术，按其作用原理，可分为物理法、化学法、物理化学法和生物法四类，如表 2 - 2 所示。

表2-2 污水处理技术

分类	处理方法		处理对象	适用范围
物理法	调节		使水质、水量均衡	预处理
	重力分离法	沉淀	可沉固体	预处理
		隔油	颗粒较大的油珠	预处理
		气浮	乳状油、相对密度近于1的悬浮物	中间处理
	离心分离法	水力旋流器	相对密度比水大或小的悬浮物，如铁皮、沙、油类等	预处理
		离心机	乳状油、纤维、纸浆、晶体、泥沙等	预处理或中间处理
	过滤	格栅	粗大悬浮物	预处理
		筛选	较小悬浮物	预处理
		砂滤	细小悬浮物、乳状油	中间或最终处理
		布滤	细小悬浮物、浮渣、沉渣脱水	中间或最终处理
		微孔管	极细小悬浮物	最终处理
		微滤机	细小悬浮物	最终处理
	热处理	蒸发	高浓度酸、碱废液	中间处理
		结晶	可结晶物质如硫酸亚铁、铁氰化钾等	最终处理
	磁分离		可磁化物质	中间或最终处理
化学法	投药法	混凝	胶体、乳状油	中间或最终处理
		中和	酸、碱	中间或最终处理
		氧化还原	溶解性有害物质如 Cr^{6+}、CN^-、S^{2-} 等	最终处理
		化学沉淀	溶解性重金属离子如铅、汞、锌、铜等	最终处理
	电解法		重金属离子	最终处理
物理化学法	传质法	蒸馏	溶解性挥发物质，如苯酚、氨	中间处理
		气提	挥发性溶解物质如挥发酚、甲醛、苯胺	中间处理
		吹脱	溶解性气体如 H_2S、CO_2 等	中间处理
		萃取	溶解物质如酚	中间处理
		吸附	溶解物质如酚、汞等	中间或最终处理
		离子交换	可离解物质如酸、碱、盐类等	中间或最终处理
	膜分离法	电渗析	非电解质、大分子	中间或最终处理
		反渗析	可离解物质如盐类、去除盐类和有机物	中间或最终处理
		超过滤	相对分子质量较大的有机物	中间或最终处理
		扩散渗析	酸、碱废液	中间或最终处理

分类	处理方法		处理对象	适用范围
生物法	天然生物处理	氧化塘	胶体状和溶解性物质	最终处理
		土地处理	胶体状和溶解性物质如有机物、氮、磷	最终处理
	人工生物处理	生物膜法	胶体状和溶解性有机物	中间或最终处理
		活性污泥法	胶体状和溶解性有机物	中间或最终处理
		盐气消化	有机污水和有机污泥	中间或最终处理

三、废水处理工艺流程

废水中含有多种污染物，且性质各异，同时，处理的目的和资源化用途也各异。一次不可能仅采用一种方法使其净化。一般是根据废水的性质、环境标准、环境政策和不同的处理方法的特点，选择不同的处理方法并组成不同的废水处理工艺流程。

按照废水处理程度的不同，生活污水处理工艺流程一般可分为一级处理、二级处理和三级处理（又称深度处理），如图2-1、图2-2所示。

图2-1　生活污水的三级处理工艺流程

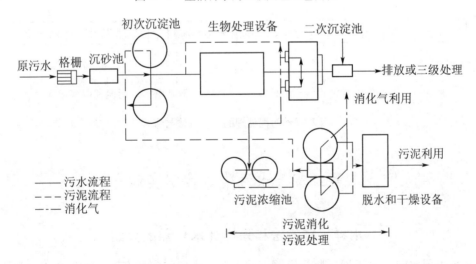

图2-2　城市污水处理典型流程

一级处理，又称预处理，采用物理方法如格栅、沉砂、沉淀等除去水体中的悬浮物，使废水初步净化，为二级处理创造条件。

二级处理，采用物理方法、化学方法和生物方法等除去水体中的胶质杂质。二级处理一般能除去90%左右的可降解有机物（如BOD物质）和90%～95%的固体悬浮物，但一些重金属毒物和生物中难以降解的高碳化合物无法清除。

9

三级处理，又称高级处理和深度处理，采用物理化学方法和生物方法等对废水做进一步的处理，能有效去除氮、磷等营养物和水中残存的有机物、悬浮物等，使水质达到排放标准及用水要求。三级处理是工业用水采用封闭循环系统的重要组成部分。

一般一级处理水达不到排放标准，必须进行再处理；二级处理水可以达标排放；三级处理水可直接排放地表水系或回用。

四、污泥处理、利用与处置

污泥是污水处理的副产品，也是必然产物。在城市污水和工业废水处理过程中，产生很多沉淀物与漂浮物。有的是从污水中直接分离出来的，如沉砂池中的沉渣、初沉池中的沉淀物、隔油池和浮选池中的沉渣等；有的是在处理过程中产生的，如化学沉淀污泥与生物化学法产生的活性污泥或生物膜。一座二级污水处理厂，其产生的污泥量占处理污水量的 0.3% ～5%（含水率以97%计）。如进行深度处理，污泥量可增加 0.5～1.0 倍。污泥的成分非常复杂，不仅含有很多有毒物质，如病原微生物、寄生虫卵及重金属离子等，也可能含有可利用物质如植物营养素、氮、磷、钾、有机物等。污泥若不妥善处理，就会造成二次污染。所以污泥在排入环境前必须进行处理，使有毒物质得到及时处理，有用物质得到充分利用。一般污泥处理的费用占全污水处理厂运行费用的20% ～50%。所以对污泥的处理必须予以充分的重视。

污泥处理的一般方法与流程如图2–3所示。

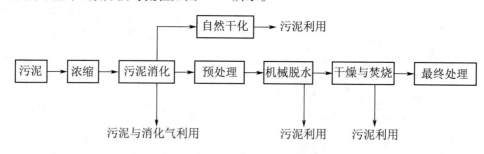

图2–3　污泥处理的一般方法与流程

第二节　水污染与控制实验

水样采样方法和采样（水）器的介绍

采集表层水时，可用桶、瓶等容器直接采取。一般将容器沉至水面下 0.3～0.5 m 处采集。

采集深层水时，可使用带铅锤的采水器沉入水中采集（图2–4a）。将采样容器沉降至所需深度（可从绳上的标度看出），上提细绳打开瓶塞，待水样充满容器后提出。对于水流急的河段，宜采用急流采水器（图2–4b）。它是将一根长钢管固定在铁框上，管内装一根橡胶管，其上部用夹子夹紧，下部与瓶塞上的短玻璃管相连，瓶塞上另有一长玻璃管通至采样瓶底部。采样前塞紧橡胶塞，然后沿船身垂直伸入要求水深处，打开上部橡胶管夹，水样即沿长玻璃管流入样品瓶中，瓶内空气由短玻璃管沿橡胶管排出。这样采集的水样也可用于测定水中溶解性气体，因为它是与空气隔绝的。

测定溶解气体（如溶解氧）的水样，常用双瓶采水器采集（图 2 - 4c）。将采水器沉入要求水深处，打开上部的橡胶管夹，水样进入小瓶（采样瓶）并将空气驱入大瓶，从连接大瓶短玻璃管的橡胶管排出，直到大瓶中充满水样，提出水面后迅速密封。此外，还有多种结构较复杂的采水器。例如，深层采水器、电动采水器、自动采水器、连续自动定时采水器等。

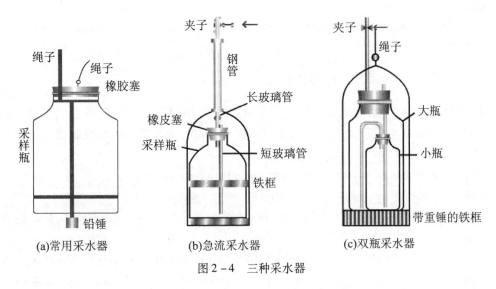

图 2 - 4　三种采水器

实验 1　水温、pH、电导率测定

一、水温——水温计法

水温：水的物理化学性质与水温有着密切的关系。水中溶解性气体（如氧、二氧化碳等）的溶解度、水中生物和微生物的获得、非离子氨、盐度、pH 以及碳酸钙饱和度等都受水温变化的影响。

温度为现场测定项目之一，常用的测量仪器为水温计和颠倒温度计，前者用于地表水、污水等浅层水温的测量，后者用于湖库等深层水温的测量，此外，还有热敏电阻温度计等。这里介绍水温计法。

1. 仪器

水温计：水温计为安装于金属半圆槽壳内的水银温度表，下端连接一金属储水杯，使温度计表球部悬于杯中，温度表顶端槽壳带一圆环，拴以一定长度的绳子（图 2 - 5）。通常水温计的测量范围为 $-6 \sim 40℃$，分度为 $0.2℃$。

图 2 - 5　水温计

11

2. 步骤

将水温计插入一定深度的水中，放置 5 min 后，迅速提出水面读取温度值。当气温与水温相差较大时，尤应注意立即读数，避免受气温的影响。必要时，重复插入水中，再一次读数。

3. 注意事项

（1）在冬季的东北地区读数应在 3 s 内完成，否则水温计表面形成一层薄冰，影响读数的准确性。

（2）当现场气温高于 35℃ 或低于 −30℃ 时，水温计在水中的时间要适当延长，以达到温度平衡。

二、pH 值——pH 试纸、pH 电位计法

pH 值是溶液中 H^+ 活度的负对数，是水化学中常用的和最重要的检验项目之一。天然水的 pH 值多在 6～9 范围内，这也是我国污水排放标准中的 pH 值控制范围。通常采用玻璃电极法测定 pH 值。

测定 pH 值的方法最常用的有 pH 试纸法、pH 电位计法。

1. pH 试纸法

在要求不太精确的情况下，利用市售的 pH 试纸测定水的 pH 值是简便而快速的方法（图 2−6）。

首先用 pH 1～14 的广泛试纸测定水样的大致 pH 值范围，然后用精密 pH 试纸进行测定。测定时，将试纸浸入欲测的水样中，半秒钟后取出，与色板比较，读取相应的 pH 值。

图 2−6　pH 试纸

2. pH 电位计法

（1）仪器校准（参见附录）。

（2）测定：用温度计测量待测液的温度，然后按"△"或"▽"键将仪器的温度值调准确。然后将 pH 电极用蒸馏水洗净并甩干后浸入被测液中，稍加搅动后静止放置，待显示值稳定后读数，即为所测的 pH 值。

三、电导率——电导率仪法

电导率：表示溶液导电能力的指标，常用于间接推测水中离子成分的总浓度，单位为

μS/cm，用电导率仪测定。

水样电导率测定方法如下：

（1）接通电导率仪电源，预热 30 min。

（2）校准仪器：将"量程"开关调到"检查"位，"常数"旋钮指向"1"刻度线，"温度"旋钮指向"25"刻度线，调节"校准"旋钮，使仪器显示 100.0 μS/cm。

（3）测量：

①调节"常数"旋钮，使仪器显示值与电极所标数值一致。例如：电极常数为 0.967，则调节"常数"旋钮，使仪器显示为 96.7。

②调节"温度"旋钮，使其指向待测液的实验温度值。此时，测量得到的将是待测溶液经过温度补偿后折算为 25℃下的电导率值。

③将"量程"旋钮调至合适位置，将电极放入待测液中。测量过程中，如果显示值熄灭，说明测量超出量程范围，应切换"量程"开关至上一挡。

④被测液的电导率 = 显示读数 × 电极常数。

四、结果评价

结果评价填入表 2 – 3 中。

表 2 – 3

序号	水样	水温/℃	pH 值		电导率 μS/cm
			pH 试纸	pH 计	
1	自来水				
2	纯水				
3	河水				

实验 2　色度（稀释倍数法）

一、实验目的

了解色度概念及测定方法。

二、实验原理

色度，即水的颜色深浅。水质分析中所表示的颜色就是指水的真实颜色。因此在测定水色度前，水样需要先澄清或经离心机分离或经 0.45 μm 滤膜过滤除去悬浮物，但不能用滤纸过滤，因为滤纸能吸附部分颜色。水的真实颜色仅指溶解物质产生的颜色，又称"真色"。

测定水色度有两种方法：一是铂钴比色法，该法适用于清洁水，轻度污染并略带黄色的水，比较清洁的地面水、地下水和饮用水等。二是稀释倍数法，该法适用于污染较严重的地面水和工业废水。两种方法应独立使用，一般没有可比性。

13

三、仪器

比色管。

四、测定

（1）将水样倒入 250 mL（或体积更大）量筒中，静置 15 min，取上层液体作为试样待测。

（2）取一支 50 mL 比色管，加入纯水至 50 mL 标线，作为色度空白对比液。然后取适量试样于另一支 50 mL 比色管中，加纯水至 50 mL 标线。将上述 2 支比色管并排斜放于白色纸上，使光线经比色管底部反射通过液柱进入观察者眼睛，观察 2 支比色管内液体的颜色深浅。

（3）若观察到装有试样的比色管中液体颜色较深，则取此比色管中 25 mL 的液体倒入另一支比色管，再加纯水至标线，再与空白对比液进行对比。如此类推，直到将试样稀释至刚好与光学纯水无法区别为止，记下此时的稀释倍数值。

（4）若试样的色度较大，先用容量瓶进行稀释，把色度稀释至低于 50 倍时，再用比色管进行稀释。

（5）试样或试样经稀释至色度很低时，应用量筒量取适量的试样或经稀释后的试样置于比色管中，再用纯水稀释至标线，然后与空白对比液比较颜色深浅。

（6）将逐级稀释的各次倍数相乘（最后一次的稀释倍数一般都小于 2），所得之积取整数值，以此来表达样品的色度。

五、结果评价

结果评价填入表 2 - 4 中。

表 2 - 4

序号	水　样	色　度
1	自来水样	
2	码头水样	
3	配制水样	

实验 3　透明度（十字法）

一、实验目的

了解透明度的概念和测定方法。

二、实验原理

透明度：指水样的澄清程度。采用十字法测定，其原理是根据检验人员的视力观察水样的澄清程度，能清楚地见到放在透明度计底部画有宽度为 1 mm 的黑色十字而看不见 4

14

个点时的水柱的高度。单位为 cm。

三、实验仪器

透明度计如图 2-7 所示。

四、测定

（1）将水样倒入透明度计内。

（2）松开弹簧夹，观察水样，直到明显见到黑十字线而又看不见 4 个黑点为止，记下液面高度（cm）。

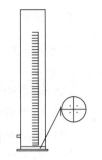

图 2-7　透明度计

五、结果评价

结果评价填入表 2-5 中。

表 2-5

序号	水样	透明度/cm
1	水样 1	
2	水样 2	

实验 4　浊度

一、实验目的

了解浊度的概念和测定方法。

二、实验原理

浊度：表示水中悬浮物对光线通过时所发生的阻碍程度。它与水样中存在的颗粒物的含量、粒径大小、形状及颗粒表面对光散射特性等有关。水样中的泥沙、黏土、有机物、无机物、浮游生物和其他微生物等悬浮物和胶体物质都可使水体浊度增加。本次实验以硫酸肼和六次甲基四胺的聚合物作为浊度标准液，用浊度仪测定浊度。

三、仪器

哈希 2100 浊度仪如图 2-8 所示。

图 2-8　哈希 2100 浊度仪

15

四、测定

1. 校准浊度仪（参见附录）。
2. 测定：
（1）取水样注入样品池中至刻度线。
（2）用纸巾将样品池擦净。
（3）在池表面滴 1～2 滴硅油并用布涂抹均匀（新样品池不用）。
（4）按 I/O 开机。
（5）将样品池放入样品室中（◇与样品室内标线对齐）
（6）按"Range"键使"Auto RNG"灯亮。
（7）按"SINGNAL AVERAGE"键使"SIG AVG"灯亮。
（8）按"Read"键读数，所得即为浊度，单位为 NTU。

五、结果评价

结果评价填入表 2-6 中。

表 2-6

序号	水样	浊度/NTU
1	自来水	
2	水样 1	
3	水样 2	

实验5 悬浮物含量的测定（质量法）

一、实验目的

了解悬浮物（SS）含量的测定方法。

二、原理

将悬浮物（SS）水样通过孔径为 0.45 μm 的滤膜或中速定量滤纸，悬浮物会截留在滤膜上，然后在 103～105℃ 烘箱中烘干至恒重，则可测得悬浮物的质量。

三、仪器

抽滤装置（如图 2-9 所示）、滤膜、培养皿、烘箱。

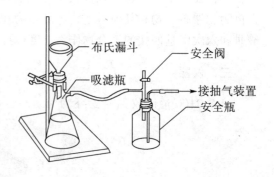

图 2-9　抽滤装置

16

四、测定

（1）安装抽滤装置。用胶管连接好抽气口和抽滤瓶，将布氏漏斗安放在抽滤瓶上。

（2）将恒重后的滤纸称重并记下滤纸质量（$m_{滤纸}$），然后将滤纸折好放在布氏漏斗中，用蒸馏水润湿滤纸，使其紧贴漏斗。

（3）取一定体积的均匀水样，倒入漏斗中抽滤。抽至将干时，每次用蒸馏水10mL连续洗涤三次，继续抽滤至干。

（4）取出载有悬浮物的滤纸，放在用纯水清洗干净的培养皿上，移入烘箱中于103～105℃烘干至恒重。称量时，把培养皿盖上，用减重法称量，具体操作：先称培养皿和纸的总质量 $m_{总}$，再将滤纸去掉，再称培养皿质量（$m_{皿}$），将第一次称重减去第二次称重得到滤纸和悬浮物的质量（$m_{总}-m_{皿}$），再由此质量减去滤纸的质量即为悬浮物的质量（$m_{总}-m_{皿}-m_{滤纸}$）。算出悬浮物的质量。

五、结果评价

结果按如下公式计算，并填入表2－7中。

$$悬浮物（SS）含量（mg/L）=\frac{m_{总}-m_{皿}-m_{滤纸}}{V}$$

式中　$m_{总}$——培养皿和纸的总质量，g；

　　　$m_{皿}$——培养皿质量，g；

　　　$m_{滤纸}$——滤纸和悬浮物的质量，g；

　　　V——水样取样体积，mL。

表2－7

序号	水样	取样体积/mL	$m_{总}$	$m_{皿}$	$m_{滤纸}$	悬浮物含量/（mg·L^{-1}）
1	码头水样					
2	配制水样					

实验6　水中溶解氧（DO）浓度的测定

一、实验目的

了解溶解氧浓度的测定方法。

二、实验原理

采用溶解氧仪测定水中溶解氧浓度。

仪器由极谱型复膜氧电极与带有微处理机电子单元两大部分组成。

在一定温度下，扩散电流的大小与样品中氧分压成正比例关系。测得电流值的大小，便可知样品中溶解氧浓度。

仪器用已知溶解氧浓度的标准样品校准至跨度后，便可以直接读出被测样品中溶解氧浓度。

三、仪器与试剂

（1）溶解氧仪如图 2 - 10 所示。

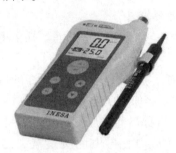

图 2 - 10　溶解氧仪

（2）5% 亚硫酸钠（Na_2SO_3）溶液。称 5g 亚硫酸钠，加 100 mL 水，溶解。

四、实验内容

（1）校准溶解氧仪（参见附录）。
（2）测量：将电极放入液体，待读数稳定，即得液体溶解氧浓度，单位为 mg/L。

五、结果评价

计算结果填入表 2 - 8 中。

表 2 - 8

序号	水样	DO 浓度值/（mg · L^{-1}）	国标对比
1	自来水		
2	码头水样		
3	配制水样		

实验 7　水中臭阈值的测定

臭是检验原水和处理水质必测项目之一。水中臭味可用臭阈值表示，臭阈值是水样用无臭水稀释水样到最低可辨别的臭气浓度时的稀释倍数。规定饮用水的臭阈值≤2。由于每个人对臭特征及产臭浓度的反应不同，所以一般情况下至少 5 人，最多 10 人或更多人参加检验，才可获得精度较高的结果。

一、仪器与试剂

仪器：
（1）500 mL 具塞锥形瓶。
（2）0 ～ 100℃温度计。

18

（3）恒温水浴。

试剂：

（1）无臭水：用蒸馏水或自来水通过颗粒活性炭制备无臭水。将蒸馏水通过盛有12～40目颗粒活性炭的玻璃管（内径76 mm，高460 mm，活性炭顶部、底部加一层玻璃棉，防止炭颗粒冲出或洗出），流速100 mL/min。若无活性炭，可将蒸馏水煮沸，煮去体积的1/10，也可作无臭水。

（2）含臭水：用邻甲酚或正丁醇配制臭水样。

二、实验步骤

（1）每5～10人一组。

（2）吸取0，2，4，8，12，25，50，100，200（mL）含臭水样，分别放入500 mL锥形瓶中，各加无臭水至200 mL。各瓶编以暗号（空白样插入中间），于水浴内加热至（60±1）℃。

（3）取出锥形瓶，振荡2～3 s，取下瓶塞，从低浓度开始，与无臭水对比，闻其臭味。闻出臭味的水样记录"＋"号，未闻出的记"－"号。

（4）计算：

$$臭阈值 = \frac{A+B}{A}$$

式中　A——含臭水样体积，mL；

　　　B——无臭水体积，mL。

如取水样稀释到200 mL时，刚好闻出臭味，其臭阈值为4。

如果n人参加检验，用几何平均值表示臭阈值。几何平均值等于n位检验人员测得的臭阈值数字积的n次方根。例如6位检验人员检测水样的臭阈值为2、4、8、6、2、7，则

$$臭阈值 = \sqrt[6]{2 \times 4 \times 8 \times 6 \times 2 \times 7} \approx 4.2$$

（5）写出实验报告（表2-9）。

表2-9　臭阈值测定记录

含臭水样 /mL	无臭水 /mL	检验人员的反应					
		1	2	3	4	5	6
2	198						
4	196						
8	192						
0	200						
12	188						
25	175						
50	150						

含臭水样 /mL	无臭水 /mL	检验人员的反应					
		1	2	3	4	5	6
100	100						
200	0						
臭阈值							
几何平均值							

三、注意事项

（1）检验人员如嗅觉迟钝不可入选。参加检验的人员在实验之前勿用香皂、香水，勿食用带有气味的实物。拿取锥形瓶时，手上不得有异味，不得触及瓶颈。

（2）如水样含有余氯（例如自来水），应在脱氯前、后各检验一次。应用新配置的硫代硫酸钠（3.5 g $Na_2S_2O_3 \cdot H_2O$ 溶于 1 L 水中，1 mL 此溶液可除去 0.5 mg 余氯）脱氯。

（3）有时用 40℃ 作为检臭温度，故报告中必须注明检验时的水温。

实验 8　金鱼毒性实验

一、实验目的

（1）了解生物测试的方法和原理；

（2）熟悉鱼类毒性实验原理、方法和应用。

二、实验原理

鱼类对水环境的变化反应十分灵敏，当水体中的污染物达到一定程度或强度时，就会引起系列中毒反应。例如，行为异常、生理功能紊乱、组织细胞病变，直至死亡。

金鱼对毒物敏感，室内饲养方便，来源广泛，常用于毒性实验。本实验是通过观察金鱼在不同浓度废水中的死亡率来推测废水的半数致死浓度并推测其安全浓度，为制定水质标准和废水排放标准提供科学依据。

三、仪器和材料

1. 仪器

（1）溶解氧测定仪；

（2）水硬度计；

（3）pH 计；

（4）温度计；

（5）分析天平；

（6）实验容器：玻璃水槽或浴缸，容积约 10 L；

（7）曝气装置（充氧泵＋曝气头）；

（8）抄网：材质为化学惰性材料。

2. 材料

（1）实验用金鱼：无病、行动活泼、鱼鳍完整舒展、食欲和逆水性强，体长约 3 cm 的同龄和同种金鱼；选出的鱼必须先在实验条件相似的温度和水质中驯养 7 天以上，实验前 1 天停止喂食。如果鱼在实验前 4 天内死亡或发病的概率高于 10%，则不能使用。（金鱼体长的测量方法：将金鱼平放在实验台上，用尺子量取头部到尾部的长度，尾部不计算在内。）

（2）实验用水：自来水充分曝气，水的硬度为 10 ～ 25 mg/L（以 $CaCO_3$ 计），pH 值为 6.0 ～ 8.5 或用未受污染的河水或湖水，但不宜使用蒸馏水。

（3）废水或有毒物质（敌敌畏等）。

四、实验步骤

1. 实验用鱼的驯养

将选择好的实验用鱼在实验室内暂养 12 天。临实验前，再在与实验条件（水质、水温、光照等）相似的环境下驯养至少 7 天，每天换水 1 次，水中溶解氧在 5 mg/L 以上，每天喂食或每周喂食 3 次，实验前 1 天停止喂食。驯养开始 48 h 后记录死亡率，7 天内死亡率小于 5% 可用于实验；死亡率在 5% ～ 10%，继续驯养 7 天；死亡率超过 10%，该组鱼全部不能使用。

2. 实验条件的选择

（1）温度：实验溶液的温度要适宜，对冷水鱼为 12 ～ 28℃，对温水鱼为 20 ～ 28℃。同一实验中，温度变化为 ±2℃；对于金鱼的实验温度为 12 ～ 28℃。

（2）溶解氧（DO）浓度：实验溶液中不能含大量耗氧物质，要有足够的溶解氧、对冷水鱼 DO 质量浓度 ≥5 mg/L，对温水鱼 DO 质量浓度 ≥4 mg/L。

（3）pH：实验溶液的 pH 应为 6.7 ～ 8.5，实验期间 pH 波动范围不得超过 0.4 个 pH 单位。

（4）硬度：硬度影响毒物毒性，一般来说，硬水可降低毒物毒性，而软水可增强毒物毒性。因此，必须注意检测实验溶液的硬度，并在报告中注明。硬度应为 50 ～ 250 mg/L（以 $CaCO_3$ 计）。

3. 预备实验（探索性实验）

为了保证正式实验顺利进行，必须进行预备实验，以确定实验溶液的浓度范围。方法是：先配制几组不同浓度的溶液做预备实验，溶液的浓度范围可以大些（如以质量浓度表示时可选 0.1 ～ 1000 mg/L），每组浓度放入 5 尾鱼，观察 24 h（48 h）鱼类中毒的反应和死亡情况，找出不发生死亡、全部死亡和部分死亡的浓度。每天至少两次记录容器内的死亡鱼数量，并及时取出死鱼。（判断金鱼死亡的方法是用镊子夹住呈现死亡迹象金鱼的尾巴，3 min 内无挣扎即认为该鱼已死亡。）

4. 正式实验

（1）实验溶液浓度设计及配制：根据预备实验确定的浓度范围，按对数等间距选取 7 个（至少 5 个）浓度，配制成实验溶液。例如，10.0、5.6、3.2、1.8、1.0（对数间距 0.25）或 10.0、7.9、6.3、5.0、4.0、3.6、2.5、2.0、1.6、1.26、1.0（对数间距

0.1），其单位可用体积分数（如废水）或质量浓度（mg/L）表示。

另设一对照组，作为试剂空白。

（2）实验：将配好的实验溶液调节至所需温度，将驯养好的实验用鱼分别放入盛有不同浓度实验溶液和对照水的容器中（每个容器中放入10尾鱼，每升水中鱼质量不超过2 g），所有实验用鱼在30 min内分组完毕，并记录时间。前8 h要连续观察和记录实验情况，如果正常，继续观察，记录24 h、48 h和96 h鱼的中毒症状（鱼体的侧翻、失去平衡、游动和呼吸能力减弱、色素沉淀等）和死亡情况，供判断毒物或废水的毒性。对照组在实验期间鱼死亡超过10%，则整个实验结果不能采用。

实验开始和结束时要测定pH、溶解氧和温度、实验期间每天至少测定一次。

5. 数据处理及结果评价

（1）数据处理：根据记录结果，以毒物浓度为横坐标，死亡率为纵坐标，在半对数坐标纸上（对数坐标表示毒物浓度、算术坐标表示死亡率）绘制死亡率对浓度的曲线，用直线内插法计算出24 h、48 h、72 h、96 h的半数致死浓度（LC_{50}）或半数致死量（LD_{50}），并计算置信度为95%的置信区间。

（2）毒性判定：半数致死量（LD_{50}）或半数致死浓度（LC_{50}）是评价毒物毒性的主要指标之一。鱼类急性毒性的分级标准如表2-10所示。

表2-10　鱼类急性毒性分级标准

96h LC_{50}/（mg·L^{-1}）	<1	1～10	10～100	>100
急性毒性分级	极高毒	高毒	中毒	低毒

五、讨论

（1）为什么实验用鱼在实验前一天停止喂食？

（2）驯养实验用鱼时应注意什么？

（3）毒性实验的结果有何用途？如何用实验结果估算毒物的安全浓度？

实验9　混凝实验

一、实验目的

（1）了解一般天然水体最佳混凝条件确定的基本方法；

（2）了解混凝机理。

二、实验原理

分散在水中的胶体颗粒带有电荷，同时在布朗运动及其表面水化作用下，长期处于稳定分散状态，不能用自然沉淀方法去除。向这种水中投加混凝剂后，可以使分散颗粒相互结合聚集增大，从水中分离出来。

由于各种原水差别很大，混凝效果不尽相同。混凝剂的混凝效果不仅取决于混凝剂的投加量，同时还取决于水的pH、水流速度梯度等因素。通过混凝实验可以确定混凝剂的效果、最佳条件。

三、实验仪器和试剂

1. 仪器

（1）搅拌器：1 台。

（2）搅拌子：1 个。

（3）烧杯：200 mL，2 个。

（4）量筒：100 mL，1 个。

（5）移液管：1 mL 量程 1 支。

2. 实验试剂

三氯化铁：一水合氯化铁（$FeCl_3 \cdot H_2O$），10 g/L。

四、实验步骤

（1）用烧杯取 200 mL 原水，观察浊度。

（2）另取 200 mL 原水，将烧杯放在搅拌器上，加入搅拌子，慢速搅拌，加 1mL 混凝剂，慢速搅拌 10 s 看有无矾花出现。如果没有矾花出现，再加 1 mL 混凝剂，然后慢速搅拌 10 s，观察液体中有无矾花出现。如果有，则停止加混凝剂；如果没有，则再加混凝剂（每次 1 mL，操作同上），直至出现矾花为止（图 2 – 11）。记录矾花出现时混凝剂的用量，即为药剂最小投加量（图 2 – 12）。

（3）对比原水，观察投加絮凝剂后浊度变化。

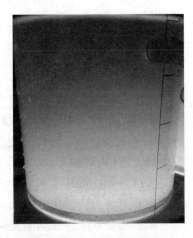

图 2 – 11 矾花的形成

图 2 – 12 不同投药量的絮凝（矾花形成）效果

实验 10 膜法水处理实验

一、实验目的

（1）了解膜分离技术的原理及工艺流程；

（2）了解膜分离技术在水处理中的应用情况。

二、实验原理

膜分离技术是一项高新技术，应用领域十分广阔，目前已广泛应用于水处理、电子、食品、环保、化工、冶金、医药、生物、能源、石油、仿生等领域。

膜分离技术在水处理中的应用主要有：水的深度处理（纯水的制备、直饮水等）；废水回用；造纸废水、染料工业废水、含油废水、乳化油废水、电镀废水、食品工业废水等工业废水的处理。膜分离技术是一大类技术的总称，和水处理有关的主要包括微滤、超滤、纳滤和反渗透等几类。这些膜分离产品均是利用特殊制造的多孔材料的拦截能力，以物理截留的方式去除水中一定颗粒大小的杂质。在压力驱动下，尺寸较小的物质可以通过纤维壁上的微孔到达膜的另一侧，而尺寸较大的物质则不能透过纤维壁而被截留，从而达到筛分溶液中不同大小组分的目的。

这些分离膜的"孔径"和分离的对象见表 2-11。

表 2-11　几类分离技术及其分离特性

膜孔径	微滤（0.05～2.0 μm）	超滤（0.05～0.1 μm）	纳滤（<0.02 μm）	反渗透（<1 nm）
截留物	细菌、悬浮物	蛋白质、病毒、胶体	杀虫剂、颜料、胶体	盐
透过物	蛋白质、病毒、盐、胶体	盐、杀虫剂	部分盐	

表 2-11 显示了水中各种杂质的大小和去除它们所使用的分离方法。反渗透主要用来去除水中溶解的无机盐；而超滤则可以去除病毒、大分子物质、胶体等；微滤一般能够去除水中的细菌、灰尘，具有很好的除浊效果。这些都是传统的过滤（如砂滤、多介质过滤等）无法实现的。因此，使用超滤或者微滤替代传统的混凝、过滤，为下游反渗透膜提供最大限度的保护，成为近些年来的一个技术热点。

膜的分类：按孔径大小分为微滤膜、超滤膜、纳滤膜、反渗透膜等；按膜材料分为无机膜、有机膜；按膜组件的形式分为卷式膜、管式膜、平板膜、中空纤维膜等。

膜分离技术中存在的主要问题是膜的污染和浓差极化。膜污染主要是由于处理物料中的微粒、胶体、微生物或大分子与膜存在物理化学相互作用或机械作用而引起的在膜表面或膜孔内吸附和沉淀造成膜孔径变小或堵塞，使膜通量和膜的分离特性产生不可逆变化的现象。浓差极化是指被截留的溶质在膜表面处积聚，其浓度会逐渐升高，在浓度梯度的作用下，接近膜面的溶质又以相反方向向溶液主体扩散，平衡状态时膜表面形成溶质分布边界层，对溶剂等小分子物质的运动起阻碍作用。

三、实验设备及材料

（1）实验仪器及材料：浊度仪；细菌测试片；取样瓶；1 mL 刻度吸管；酒精灯；等。
（2）实验设备及工艺流程如图 2-13、图 2-14 所示。

图 2-13　膜分离工艺流程

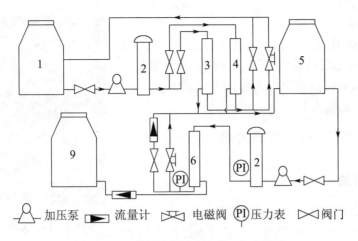

图 2-14 膜法污水深度处理工艺流程图

1—自来水箱；2—保安过滤器；3—低温超滤膜；4—高温超滤膜；5—超滤水箱；6—反渗透膜；7—反渗透水箱

四、实验步骤

（1）按设备操作说明，运行设备半个小时以上，分别取超滤和反渗透出水。

（2）分别测水样的浊度及细菌总数。

附：细菌总数测试片使用说明

一、原理及适用范围

菌落总数是指样品经过处理，在一定条件下培养后所得 1 mL（g）检样或单位面积样品中所含菌落的总数，是最常用的微生物检测项目。菌落总数测试片（Filmplate TM Aerobic BB202）是一种预先制备好的一次性培养基产品，含有标准的营养培养基，冷水可溶性的吸水凝胶和脱氢酶指示剂氯化三苯基四氮唑（TTC），菌落在测试片上呈红色，这样可缩短计数时间和增强计数效果。本产品适合于各类食品及食品原料中菌落总数的测定，也可用于检测食品加工容器、操作台和其他设备表面的菌落总数。

二、使用步骤

1. 接种

（1）将测试片置于平坦表面处，揭开上层膜。

（2）使用吸管将 1 mL 样液垂直滴加在测试片中央处。

（3）允许上层膜直接落下，切勿向下滚动上层膜。

（4）使压板隆起面朝下，放置在上层膜中央处。

（5）轻轻地压下，使样液均匀覆盖于圆形培养面膜上，切勿扭转压板。

（6）拿起压板，静置至少 1 min 以使培养基凝固。

2. 培养

测试片的透明面朝上，可堆叠至多不能超过 20 片。对有一定湿度的培养箱来说，能保持最少水分损失是必要的。将细菌置于培养箱内，在（32±1）℃培养 48 h。

3. 结果判读

细菌在测试片上生长后会显示红色斑点（见图 2 - 15），选择菌落数适中（30 ～ 300 个）的测试片进行计数，乘以稀释倍数后即为每毫升（或每克）样品中所含的细菌菌落总数。

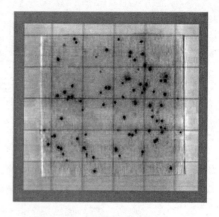

图 2 - 15　细菌总数测试片

实验 11　气浮实验

一、实验目的

（1）加深对基本概念及原理的理解；

（2）通过对实验系统的运行，掌握加压溶气气浮的工艺流程。

二、原理

气浮工艺原理见图 2 - 16。

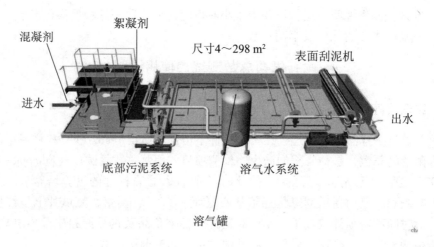

图 2 - 16　气浮工艺原理

气浮法是目前水处理工程中应用日益广泛的一种水处理方法。该法主要用于处理水中相对密度小于或接近 1 的悬浮杂质，如乳化油、羊毛脂、纤维以及其他各种有机的悬浮絮体等。气浮法的净水原理：使空气以微气泡的形式出现在水中，并自下而上慢慢上浮，在上浮过程中使气泡与水中污染物质充分接触，污染物质与气泡相互黏附，形成相对密度小于水的气水结合物悬升到水面，使污染物质以浮渣的形式从水中分离以去除（见图 2 - 17）。

要产生相对密度小于水的气、水结合物，应满足以下条件：

（1）水中污染物质具有足够的憎水性。

（2）水中污染物质相对密度小于或接近 1。

（3）微气泡的平均直径应为 50 ～ 100 μm。

（4）气泡与水中污染物质的接触时间足够长。

气浮净水法按照水中气浮气泡产生的方法可分为电解气浮、散气气浮和溶气气浮几种。溶气气浮法又可分为加压溶气气浮和真空溶气气浮。由于散气气浮一般气泡直径较大，气浮效果较差，而电解气浮气泡直径远小于散气气浮和溶气气浮，但耗电较多。故在目前国内外的实际工程中，加压溶气气浮法应用前景最为广泛。

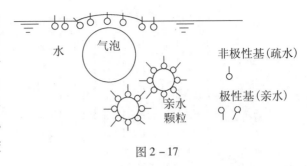

图 2-17

加压溶气气浮法就是使空气在一定压力的作用下溶解于水中，至饱和状态，然后突然把水的表面压力降到常压，此时溶解于水中的空气便以微气泡的形式从水中逸出。加压溶气气浮工艺由空气饱和设备、空气释放设备和气浮池等组成。其基本工艺流程有全溶气流程、部分溶气流程和回流加压溶气流程。目前工程中广泛采用有回流系统的加压溶气气浮法。该流程将部分废水进行回流加压，废水直接进入气浮池。

加压溶气气浮的影响因素很多，有水中空气的溶解量、气泡直径、气浮时间、气浮池有效水深、原水水质、药剂种类及其加药量等。因此，采用气浮净水法进行水处理时，常要通过实验测定一些有关的设计运行参数。

三、实验装置

1. 实验材料
（1）硫酸铝；
（2）废水；
（3）水质悬浮物（SS）分析所需的器材及试剂。
2. 加压溶气气浮实验装置和构造
加压溶气气浮实验装置和构造示意图如图 2-18、图 2-19 所示。

图 2-18　加压溶气气浮实验装置

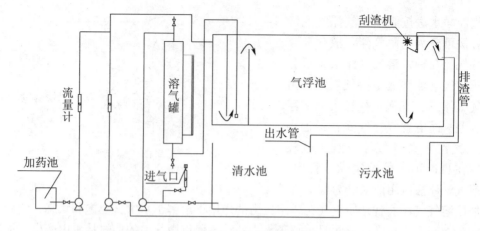

图 2 - 19　加压溶气气浮实验装置构造示意图

四、实验步骤

（1）首先检查气浮实验装置是否完好。

（2）把自来水加到回流加压水箱与气浮池中，至有效水深的90%高度。

（3）将含有悬浮物或胶体的废水加到废水配水箱中，投加硫酸铝等混凝剂后搅拌混合。

（4）开启加压水泵，加压至0.3～0.5 MPa。

（5）待溶气罐中的水位升至液位计中间高度左右，缓慢地打开溶气水出水的阀门，使溶气罐的液位基本保持不变，液体流量在2～4 L/min 范围内。

（6）待空气在气浮池中释放并形成大量微小气泡时，再打开废水配水箱，废水进水量可按4～6 L/min 控制。

（7）开启射流器加压至0.3 MPa（并开启加压水泵）后，其空气流量可先按0.1～0.2 L/min控制。但考虑到加压溶气罐及管道中难免漏气，其空气量可按水面在溶气罐内的液面中间部分控制即可，多余的气可以通过溶气罐顶部的排气阀排出。

（8）测定废水与处理后水的水质（SS质量）。

（9）改变进水量、溶气罐内的压力、加压水量等，重复步骤（4）～（8），测定水的SS质量。

实验 12　酸性废水过滤中和及吹脱实验

一、实验目的

（1）了解滤率与酸性废水浓度、出水 pH 之间的关系；

（2）掌握酸性废水过滤中和处理的原理与工艺。

二、实验原理

通常把含酸量在3%～5%以上的高浓度含酸废水称为废酸液，对于废酸液，应考虑回收利用的可能性，如用扩散渗透法回收钢铁酸性废液中的硫酸。当酸浓度不高（低于

28

3%）时，回收利用意义不大，可采用中和法处理。目前常用的中和方法有酸碱废水中和、药剂中和及过滤中和三种。酸性废水流过碱性滤料时与滤料进行中和反应的方法称为过滤中和法。过滤中和法与投药中和法相比，具有操作方便、运行费用低、劳动条件好及沉渣少（是废水量的0.5%）等优点，但不适于中和高浓度酸性废水。

工厂排放的酸性废水可分为如下三类：

（1）含有强酸（如 HCl、HNO_3），其钙盐易溶解于水；

（2）含有强酸（如 H_2SO_4），其钙盐难溶解于水；

（3）含有弱酸（如 CO_2、CH_3COOH）。

碱性滤料主要有石灰石、白云石和大理石等。其中石灰石和大理石的主要成分为碳酸钙，而白云石的主要成分是碳酸钙、碳酸镁。石灰石来源较广，价格便宜，因而是最常用的碱性滤料。

采用石灰石为滤料时，其中和反应方程式如下：

盐酸 + 碳酸钙 → 氯化钙 + 水 + 二氧化碳（气体）$[2HCl + CaCO_3 = CaCl_2 + H_2O + CO_2\uparrow]$

硝酸 + 碳酸钙 → 硝酸钙 + 水 + 二氧化碳（气体）$[2HNO_3 + CaCO_3 = Ca(NO_3)_2 + H_2O + CO_2\uparrow]$

硫酸 + 碳酸钙 → 硫酸钙 + 水 + 二氧化碳（气体）$[H_2SO_4 + CaCO_3 = CaSO_4 + H_2O + CO_2\uparrow]$

当硫酸的浓度在 $2 \sim 5$ g/L 范围内，用白云石作滤料时，反应方程式如下：

硫酸 + 碳酸钙 + 碳酸镁 → 硫酸钙 + 硫酸镁 + 水 + 二氧化碳（气体）

$[2H_2SO_4 + CaCO_3 + MgCO_3 = CaSO_4 + MgSO_4 + 2H_2O + 2CO_2\uparrow]$

当酸性废水浓度较高或滤率较大时，过滤中和后出流液含有大量的二氧化碳，使出水 pH 偏低（pH 为 5 左右），此时，可用吹脱法去除二氧化碳，以提高 pH。

三、实验装置与设备

（1）实验装置如图 2 - 20 所示。

（2）实验仪器仪表：pH 计、量筒、秒表、测定酸度和二氧化碳的仪器装置。

四、实验步骤

1. 过滤中和

（1）将颗粒直径为 $0.5 \sim 3$ mm 的石灰石装入中和柱，装料高度为 0.8 m 左右。

（2）启动水泵，将酸性废水提升到高位水箱。

（3）调节流量，同时在出流管出口处用体积法测定流量，观察中和过程出现的现象。

（4）稳定 5 min 后，用 250 mL 具塞玻璃取样瓶取出水样，测定每种滤率出水的 pH 和酸度，测定滤率为 100 m/h 时出水的游离二氧化碳。

酸性废水中和实验装置和流程见图 2 - 20、图 2 - 21。

图 2 - 20　酸性废水中和实验装置

2. 吹脱实验

（1）取滤速为 100 m/h（pH 为 5 左右）的出水 1L，曝气 2～5 min。

（2）用 250 mL 具塞玻璃取样瓶取吹脱二氧化碳后水样，测定 pH、酸度和游离二氧化碳。

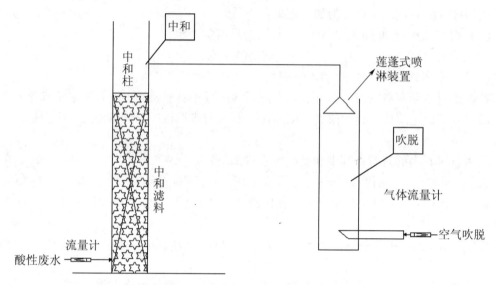

图 2－21　酸性废水中和实验流程

实验 13　SBR 法水处理工艺

间歇式活性污泥处理系统又称序批式活性污泥处理系统，英文简称 SBR（Sequencing Batch Reactor）工艺。该工艺最主要的特征是集有机污染物降解与混合液沉淀于一体，与连接式活性污泥法相比较，工艺组成简单，无需设污泥回流设备，不设二次沉淀池，一般情况下，不产生污泥膨胀现象，在单一的曝气池内能够进行脱氮和除磷反应，易于自动控制，处理水水质好。SBR 池有方形和圆形两种（见图 2－22、图 2－23）。

图 2－22　方形 SBR 池

图 2－23　圆形 SBR 池

一、实验目的

了解 SBR 工艺曝气池的工艺过程。

30

二、实验装置的工作原理

SBR 反应池内安装潜水式曝气、搅拌机，它的特点是可单独进行曝气和搅拌，气体来源为鼓风机，可满足 SBR 反应池曝气和待机、进水时搅拌的要求。因为 SBR 反应池内厌氧、缺氧及好氧状态交替进行，所以在去除有机物的同时，可以达到除磷脱氮的目的。

SBR 反应池集均化、沉淀、生物降解、沉淀等功能于一体，它的操作模式由进水、反应、沉淀、出水和待机等 5 个基本过程组成。

SBR 工艺在运行上的主要特征就是顺序、间歇式的周期运行，其一个周期的运行通常可分为以下五个阶段。

（1）进水期：将待处理的污水注入反应池，注满后再进行反应。此时的反应池就起到了调节池调节均匀化的作用。另外，在注水的过程中也可以配合其他操作，如曝气、搅拌等达到某种效果。

（2）反应期：污水达到反应器设计水位后，便进行反应。根据不同的处理目的，可采取不同的操作，如欲降解水中的有机物（去除 BOD）要进行硝化；吸收磷就以曝气为主要操作方式；若欲进行反硝化反应则应进行慢速搅拌。

（3）沉淀期：以理想静态的沉淀方式使泥水进行分离。由于是在静止的条件下进行沉淀，因而能够达到良好的沉淀澄清及污泥浓缩效果。

（4）排水排泥期：经沉淀澄清后，将上清液作为处理水排放直至设计最低水位。有时此阶段在排水后可排放部分剩余污泥。

（5）闲置期：此时反应器内残存高浓度活性污泥混合液。

整个运行工序如图 2 - 24 所示。

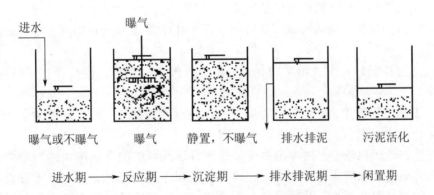

图 2 - 24　SBR 工艺曝气池运行工序示意图

这 5 个工序构成了一个处理污水的周期，可以根据需要调整每个工序的持续时间。进水、排水、曝气等动作均由可编程时控器设置的程序自动运行。

SBR 法间歇式设备见图 2 - 25。

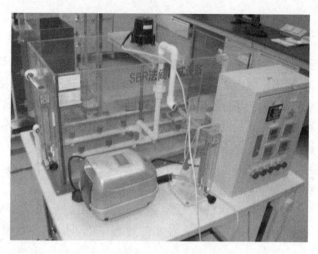

图 2-25 SBR 法间歇式设备

三、SBR 法的工艺特点

（1）生化反应推动力大，反应效率高，池内可处于好氧、厌氧交替状态，净化效果好。

（2）运行稳定，污水在理想状态下沉淀，沉淀效率高，排出水水质好。

（3）耐冲击负荷能力强，池内滞流的处理水对污水有稀释、缓冲的作用，可以有效抵抗水量和有机物的冲击。

（4）运行灵活，工序的操作可根据水质水量进行调整。

（5）构造简单，便于操作及维护管理。

（6）控制反应池中的溶解氧（DO），五日生化学需氧量（BOD_5），可有效控制活性污泥膨胀。

（7）适当控制运行方式可实现耗氧、缺氧、厌氧的交替，使其具有了较好的脱氮、除磷效果。

（8）工艺流程简单，造价低，无需设二沉池及污泥回流系统，初沉池和调节池通常也可省略，占地面积小。

该工艺占地面积较小，耐冲击负荷，处理有毒或高浓度有机废水的能力强。近年来 SBR 处理养猪场废水越来越受到关注，该工艺相对于其他工艺，具有以下优点：操作简单、剩余污泥处置麻烦少、节约投资、占地少、运行费用低、耐有机负荷和毒物负荷冲击、运行方式灵活、出水效果好、厌（缺）氧和好氧过程交替发生、泥龄短、活性高，有很好的脱氮除磷效果。且有通过氧化还原电位实时控制 SBR 反应进程的报道，进一步提高了对氮磷的去除效果、节约了能源和投资。

实验 14　接触氧化池

一、实验目的

（1）了解接触氧化池的内部构造。

（2）了解接触氧化池的启动方法，观察微生物生长情况，能看到气泡、水流、生物膜的状态。

接触氧化池典型工艺流程见图 2－26。

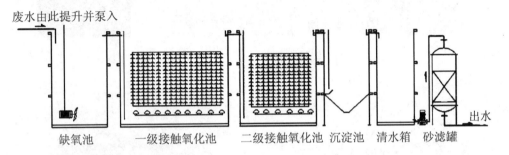

图 2－26　接触氧化池典型工艺流程

二、原理

生物接触氧化池是生物膜法的一种主要设施，又称为淹没曝气式生物滤池。接触氧化池结构与安装见图 2－27、图 2－28，在运行初期，少量的细菌附着于填料表面，由于细菌的繁殖逐渐形成很薄的生物膜（见图 2－29、图 2－30）。在溶解氧和食物都充足的条件下，微生物的繁殖十分迅速，生物膜逐渐增厚。溶解氧和污水中的有机物凭借扩散作用，为微生物所利用。但当生物膜达到一定厚度时，氧已经无法向生物膜内层扩散，好氧菌死亡，而兼性细菌、厌氧菌在内开始繁殖，形成厌氧层，利用死亡的好氧菌为基质，并在此基础上不断发展厌氧菌。

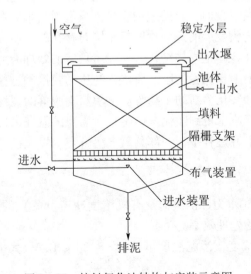

图 2－27　接触氧化池结构与安装示意图

图2-28 填料的安装

图2-29 挂膜

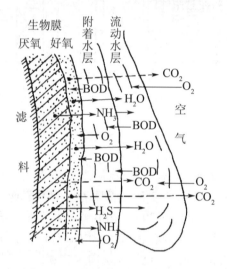

图2-30 生物膜的构造（剖面图）

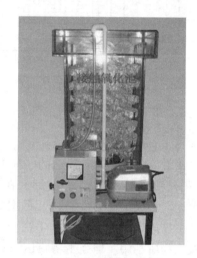

图2-31 接触氧化池

经过一段时间后在数量上开始下降，加上代谢气体产物的逸出，使内层生物膜大块脱落。在生物膜已脱落的填料表面，新的生物膜又重新发展起来。在接触氧化池内，由于填料表面积较大，所以生物膜发展的每个阶段都是同时存在的，使去除有机物的能力稳定在一定的水平上。生物膜在池内呈立体结构，对保持稳定的处理能力有利。

淹没在废水中的填料上长满生物膜，废水在与生物膜接触过程中，水中的有机物均被微生物吸附，氧化分解和转化为新的生物膜。从填料上脱落的生物膜，随水流到二次沉淀池，通过沉淀与水分离，废水得到净化。微生物所需要的氧气来自水中，空气来自池子底部的布气装置，在气泡上升过程中，一部分氧气溶解在水里。接触氧化池见图2-31。

三、工艺特点

（1）对水冲击负荷（水力冲击负荷及有机浓度冲击负荷）的适应力强，在间歇运行条件下，还能保持良好的处理效率。

（2）有较高的生物浓度，污泥浓度可达10～20 g/L，故大大提高了BOD容积负荷处理效率，对低浓度的污水也能有效地进行处理。

（3）传质条件好，微生物对有机物的代谢速度比较快，缩短了处理时间。

（4）剩余污泥量少，污泥颗粒较大，易于沉淀。

（5）操作简单、运行方便、便于维护管理，不需污泥回流，能克服污泥膨胀问题，也不产生滤池蝇。

（6）生物膜的厚度随负荷的增高而增大，负荷过高，则生物膜过厚，引起填料堵塞。故负荷不宜过高。

实验 15　沉淀池

一、实验目的

（1）了解三种沉淀池的构造及工作原理。

（2）了解三种沉淀池的运行特点。

二、实验原理

给水处理中澄清工艺通常包括混凝、沉淀和过滤，处理对象主要是水中悬浮物和胶体杂质。原水加药后，经混凝使水中悬浮物和胶体形成大颗粒絮凝体，而后通过沉淀池进行重力分离。沉淀池是应用沉淀作用去除水中悬浮物的一种构筑物。沉淀池在废水处理中广为使用。本实验介绍机械反应斜板（斜管）沉淀池、平流式沉淀池和竖流式沉淀池三种沉淀池。

三、沉淀池简介

（一）机械反应斜板（斜管）沉淀池

1. 实验装置构造

（1）机械反应池

所谓机械反应就是利用电动机减速装置驱动搅拌器对水进行搅拌，将池内分成三格，每格均安装一台搅拌器，为适应絮凝体由大到小形成规律，第一格内搅拌强度最大，而后逐渐减小。

（2）斜板（斜管）沉淀池

机械反应斜板（斜管）沉淀池（其实验装置和构造示意图见图2－32、图2－33）由于改善水力条件，增加沉淀面积，因此是一种高效的沉淀方式。常用异向流斜板（斜管）沉淀池，在反应池已成絮体的水流，从池下部配水区进入，从下而上穿过斜管区，沉淀颗粒沉于斜管上，然后沿斜管滑下，由于水流方向和污泥流向相反，所以称为异向流。清水经池上部进入集水槽，流向池外。

本体由机械絮凝池和斜板（斜管）沉淀池两部分组合在一起，包括池体和池内所有的装置。

图 2 – 32　机械反应斜板（斜管）沉淀池实验装置

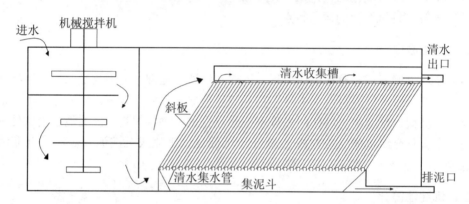

图 2 – 33　机械反应斜板（斜管）沉淀池构造示意图

2. 工作原理

机械反应斜板（斜管）沉淀池是混凝、沉淀两种功能的净水构筑物。斜板沉淀池是由与水平面成一定角度（一般 60°左右）的众多斜板放置于沉淀池中构成的，其中的水流方向从下向上流动或从上向下或水平方向流动，颗粒则沉淀于斜板底部，当颗粒累积到一定程度时，便自动滑下。

斜板沉淀池在不改变有效容积的情况下，可以增加沉淀池面积，提高颗粒的去除效率，将斜板于水平面搁置到一定角度放置有利于排泥，因而斜板沉淀池在生产实践中有较高的应用价值。

（二）平流式沉淀池

平流式沉淀池是一种大型的沉淀池，在给水和污水处理中均有广泛应用。用于生物处理后的工业废水、生活污水沉淀和只加药絮凝污水的沉淀。

平流式沉淀池实验装置和构造示意图如图 2 – 34、图 2 – 35 所示，其形状呈长方形，污水从池的一端，水平方向缓慢流过池子，从池的另一端流出。可沉悬浮物在沉淀区逐渐沉向池底，在池的底部设污泥斗，其他部位池底有倾向污泥斗的坡度。

36

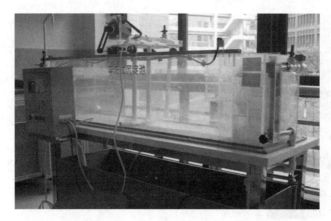

图 2-34　平流式沉淀池实验装置

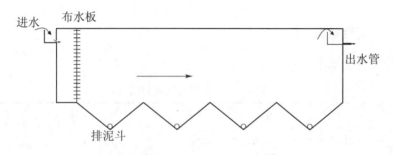

图 2-35　平流式沉淀池构造示意图

平流式沉淀池应用较多，废水一般来自絮凝池，絮体约在池前端 1/3 池长度内最多，下沉污泥由集泥斗收集后经排泥管排出。清水经水槽流出。平流式沉淀池宜采用长、狭、浅的池型，可减少短流，保持稳定运行，平流式沉淀池的储泥斗单独设置排泥管，独立排泥，保证沉泥的浓度。平流式沉淀池对水质、水量变化的适应性强，处理效果稳定，结构简单，池深度较浅，造价较低，管理方便，沉淀效果好，因此是一种常用的沉淀池形式。

（三）竖流式沉淀池

沉淀池是分离悬浮物颗粒的一种主要处理构筑物，通常按水流方向来区分，有平流式、竖流式和辐流式三种。竖流式沉淀池适合于处理小型给水或污水处理工程。

竖流式沉淀池实验装置和构造示意图如图 2-36、图 2-37 所示。池型多为圆形，水从设在池中心的导流筒进入，再从下部经过反射板均匀地、慢慢地进入水池内。污水是在池的下部向上做竖向流动，而水中的悬浮颗粒是在承受竖直向上的水流速度与颗粒本身的重力产生的下沉速度这两个速度的差值作用下产生运动的。当可沉淀颗粒属于自由沉淀类型时，其沉淀效果要比平流式低一些。当应用于絮凝沉淀和区域沉淀时，由于"悬浮差"作用竖流沉淀池更具有独特的作用。

图 2-36 竖流式沉淀池实验装置图

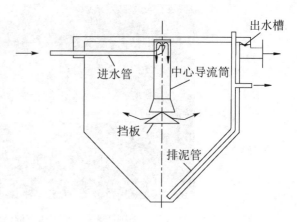

图 2-37 竖流式沉淀池构造示意图

四、三类沉淀池对比

三类沉淀池对比见表 2-12。

表 2-12 三种沉淀池对比

沉淀池类型	优 点	缺 点
机械反应斜板（斜管）沉淀池	水力负荷高，为其他沉淀池的一倍以上；占地少，节省土建的投资	斜板和斜管容易堵塞
平流式沉淀池	沉淀效果好；对冲击负荷和温度变化的适应能力较强；施工容易，造价较低	池子配水不易均匀；采用多斗排泥时，每个泥斗需要单独设计排泥管各自排泥，操作量大；采用链带式刮泥排泥时，链带的支撑件和驱动件都浸没在水中，易锈蚀
竖流式沉淀池	排泥方便，管理简单，占地面积小	池子深度大，施工困难；对冲击负荷和温度变化的适用能力较差；造价较高；池径不宜过大，否则布水不均匀

实验 16   滤池

一、实验目的

（1）了解三种滤池的构造及工艺过程；
（2）了解三种滤池特点。

二、实验原理

过滤是以具有孔隙的粒状滤料层如石英砂等截留水中杂质，从而使水获得澄清的工艺过程。滤池有多种形式，以石英砂作为滤料的普通滤池使用历史最悠久。

原水经过沉淀后，水中尚残留一些细微的悬浮杂质，需用过滤的方法除去。过滤水的浊度不超过 1 mg/L。

过滤对生活饮用水的水厂来说是不可缺少的。

三、不同滤池简介

(一) 普通快滤池

普通快滤池实验装置和构造示意图如图 2-38、图 2-39 所示,滤池内从下而上由大阻力配水系统、承托层、滤料层和排水槽等组成,每一个滤池有 4 个阀门(进水阀、排水阀、冲洗水阀和清水阀)。

图 2-38　普通快滤池实验装置

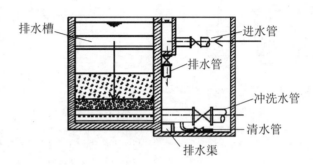

图 2-39　普通快滤池构造示意图

过滤时,打开进水阀,水流从上而下穿过滤池,水中悬浮颗粒被滤料截住,清洁水由清水阀排出。

当滤料堵塞严重,出水水质变差时,停止过滤,关闭进水阀和清水阀,反冲洗开始。此时打开冲洗水阀,冲洗水从滤池底部进入,自下而上穿过滤池,由于冲洗强度大到足以使滤层膨胀,从而将滤料间的杂质带入水流中,打开排水阀,冲洗水经排水槽排出池外。

(二) 虹吸滤池

虹吸滤池(其实验装置见图 2-40)是对普通快滤池的改进,通常由数格滤池组成一个整体。它不同于普通快滤池的地方是以两根虹吸管——进水和排水虹吸管来代替普通快滤池中的大型闸门,并由此导致构造上和工艺操作上的变化。虹吸滤池是采用真空系统来控制进水虹吸管、排水虹吸管,并采用小阻力配水系统的一种新型滤池。其工艺流程详见虹吸滤池工作原理图(见图 2-41)。

虹吸滤池采用虹吸真空原理,省去了各种阀门,只在真空系统中设置小阀门即可完成滤池的全部操作过程。

所谓虹吸原理:先将充满液体的虹吸管的短壁置于贮槽中,然后开启长臂出口阀门,液体即因重力作用由管中流出,在管上端造成负压,同时贮槽中的液体因大气压力的作用流入短臂。这样,液体将不断自动流动,直至贮槽

图 2-40　虹吸滤池实验装置

中液面降至虹吸管的入口处为止。虹吸滤池构造见图2-42。

图2-41 虹吸滤池工作
原理

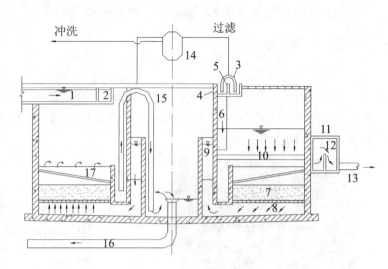

图2-42 虹吸滤池构造

1—进水槽；2—配水槽；3—进水虹吸管；4—单格滤池进水槽；5—进水堰；
6—布水管；7—滤层；8—配水系统；9—集水槽；10—出水管；11—出水井；
12—出水堰；13—清水管；14—真空系统；15—冲洗虹吸管；16—冲洗排水
管；17—冲洗排水槽

虹吸滤池一般是由6～8格滤池组成一个整体，滤池底部的清水区和配水系统彼此相通，可利用其他滤格的滤后水来冲洗其中一格；又因这种滤池是小阻力配水系统，可利用出水堰高于排水槽一定距离的滤后水位作为反冲洗的动力（即反冲洗水头），因此，此种滤池不需专设反冲洗水泵。图2-42中右半部表示过滤情况，左半部表示反冲洗过程，反冲洗是来自本组滤池其他数格滤池的过滤水，因此，一组滤池的分格数必须满足当一格滤池冲洗时，其余数格滤池过滤总水量必须满足该格滤池冲洗强度要求。

由于一格滤池冲洗时，一组滤池总进水流量仍保持不变，故在一格滤池冲洗时，其余数格滤池的滤速将会自动增大。

（三）V形滤池

V形滤池的特点是，石英砂滤料粒径比较均匀，滤层含污能力较高。与其他滤料相比，在滤速相同时，过滤周期较长；在过滤周期相同时，滤速可以提高。一些城市水厂在改造原有滤池时，采用了均粒滤料，取得了良好效果，如生产水量增加、过滤周期长，水头损失增长慢、反冲洗耗水量少于普通快滤池（V形滤池实验装置见图2-43）。

V形滤池构造示意图如图2-44所示。

图2-43 V形滤池实验装置图

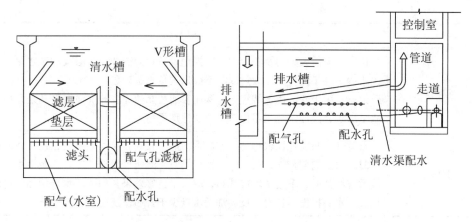

图 2 – 44   V 形滤池构造示意图

V 形滤池的工艺过程：

（1）进水。进水由 V 形槽均匀流入池内，排水槽设在中间便于表面冲洗水就近流入排水渠，排水渠的一侧有排水阀。排水槽下层为清水渠，清水渠同时作为气冲和水冲总渠，沿渠的孔口可将空气和水均匀分布到每个滤池的配气（水）室。

（2）过滤。过滤时，待滤水由进水总渠经水气动隔膜阀和方孔后，溢过堰口再经侧孔进入 V 形槽，V 形槽底小孔和槽顶溢流堰溢流，均匀进入滤池，而后经过砂滤层和长柄滤头流入底部空间，再经方孔汇入中央气水分配渠内，最后由管廊中水封井、出流堰、清水渠流入清水池，滤速在 7 ~ 20 m/h 范围内选用，视原水水质变化自动调节出水蝶阀开启来实现等速过滤。

（3）反冲洗。反冲洗时，首先要关闭进水阀，但两侧方孔常开，故仍有一部分水继续进入 V 形槽，并经槽底小孔进入滤池。而后开启排水阀，将池面水从排水槽中排出至滤池水面与 V 形槽顶相平。冲洗操作可采用："气冲→气 – 水同时冲→水冲"三步，也可采用："气 – 水同时反冲→水冲"二步。

四、三种滤池对比

三种滤池对比见表 2 – 13。

表 2 – 13   三种滤池对比

滤池	结构特点
普通快滤池	单层滤料 优点：运行管理可靠，有成熟的运行经验；池深较浅 缺点：阀门比较多，一般大阻力冲洗，需要设有冲洗设备
	双层滤料 优点：滤速比单层的高；含污能力较大（为单层滤料的 1.5 ~ 2.0 倍），工作周期较长 缺点：滤料粒径选择较严格；冲洗时要求高；滤料层之间易积泥

滤池	结构特点
虹吸滤池	优点：无需大阀门及相应的开闭控制设备；无需冲洗水塔或冲洗水泵；由于出水堰顶高于滤料层，故过滤时不会出现负水头现象 缺点：由于滤池构造特点，池深比普通快滤池大；冲洗强度受其余几格滤池水量影响，故冲洗效果不像普通快滤池那样稳定
V形滤池	石英砂滤料粒径比较均匀，滤层含污能力较高。与其他滤料相比，在滤速相同时，过滤周期较长；在过滤周期相同时，滤速可以提高。一些城市水厂在改造原有滤池时，采用了均粒滤料，取得了良好效果，如生产水量增加、过滤周期长、水头损失增长慢、反冲洗耗水量少于普通快滤池

第三部分 大气污染控制

第一节 大气污染概述

一、大气污染及其主要污染物

大气污染是指大气中污染物质的浓度达到了有害程度，以致破坏生态系统和人类正常生存条件和发展的条件，对人和物造成危害的现象，如图3-1所示。大气污染的形成，既有自然原因也有人为原因。前者如火山爆发、森林火灾、岩石风化等；后者如各类燃烧释放的废气和工业排放的废气等。目前，世界各地的大气污染主要是人为因素造成的。

图 3-1 大气污染

由于大气污染的作用，可以使某个或多个环境要素发生变化，使生态环境受到冲击或失去平衡，环境系统的结构和功能发生变化。这种因大气污染而引起环境变化的现象，称为大气污染效应。在世界重大污染事件中，就有7次是由大气污染造成的，如马斯河谷烟雾事件、多诺拉烟雾事件、伦敦烟雾事件、洛杉矶光化学烟雾事件、四日市哮喘事件、博帕尔农药厂泄漏事件和切尔诺贝利核电站事故等，这些污染事件均造成大量人口的中毒与死亡。目前已经对环境和人类产生危害的大气污染物有100种左右。其中影响范围广、具有普遍性的污染物有颗粒物质、二氧化碳、氮氧化物、碳氧化物、碳氢化合物等。

二、几种主要大气污染物

1. 颗粒物质

大气中除气体之外，还有各种固体、液体和气溶胶等物质。其中，固体物质包括粉尘、烟尘、降尘、飘尘、烟雾以及液体的云雾和雾滴等。粒度范围在小于或等于100 μm

之间的污染物，通称为总悬浮颗粒物（TSP），总悬浮颗粒物是大气质量评价中的一个通用的重要污染指标。它主要来源于燃料燃烧时产生的烟尘、生产加工过程中产生的粉尘、建筑和交通扬尘、风沙扬尘以及气态污染物经过复杂物理化学反应在空气中生成的相应的盐类颗粒。

人们通常把粒径在 10 μm 以下的颗粒物称为 PM 10，又称为可吸入颗粒物或飘尘。颗粒物的直径越小，进入呼吸道的部位越深。10 μm 直径的颗粒物通常沉积在上呼吸道，5 μm 直径的可进入呼吸道的深部，2 μm 以下的可 100% 深入到细支气管和肺泡。

2. 硫化物

硫常以 SO_2 和 H_2S 的形态进入大气，也有一部分以亚硫酸盐及硫酸盐微粒形式进入大气。大气中的硫约 2/3 来自天然源，其中以细菌活动产生的硫化氢最为重要。人为源产生的硫排入的主要形式是 SO_2，主要来自含硫煤和石油的燃烧、石油炼制、有色金属冶炼、硫酸制造等。20 世纪 80 年代，认为排入大气的 SO_2 每年约有 1.5×10^8 t，其中 2/3 来自煤的燃烧，而火电厂的排放量约占所有 SO_2 排放量的一半。

SO_2 是一种无色、具有刺激性气味的不可燃气体，是一种分布广泛、危害大的主要大气污染物。SO_2 和飘尘具有协同效应，两者结合起来对人体危害更大。

SO_2 在大气中极不稳定，最多只能存在 $1 \sim 2$ 天。在相对湿度比较大、有催化剂存在时，可发生催化反应，生成 SO_3，进而生成 H_2SO_4 或硫酸盐。硫酸盐在大气中可存留 1 周以上，能漂移至 1000 km 以外，造成远离污染源的区域性污染。SO_2 也可以在太阳紫外线照射下，发生光化学反应，生成 SO_3 和硫酸雾，从而降低大气的能见度。

由自然源排入大气的 H_2S 会被氧化为 SO_2，是大气中 SO_2 的另一主要来源。

3. 碳氧化物

碳氧化物主要有两种物质，即 CO 和 CO_2。

CO 主要是由含碳物质不完全燃烧产生的，天然源较少。1970 年全世界排入大气中的 CO 约为 3.5×10^8 t，而出汽车等移动源产生的 CO 占排放量的 70%。CO 是无色的、无味的有毒气体。其化学性质稳定，在大气中不易与其他物质发生化学反应，可在大气中停留较长的时间。在一定条件下，CO 可以转变为 CO_2，然而其转变速率很低。人为排放大量的 CO 会对植物等造成危害。高浓度的 CO 可以被血液中的血红蛋白吸收，从而对人体造成致命伤害。

CO_2 是大气中的一种"正常"成分，它主要来源于生物的呼吸作用和化石燃料等的燃烧过程。CO_2 参与地球的碳平衡，具有重大的意义。然而，由于当今世界上人口急剧增加，化石燃料的大量使用，使大气中的 CO_2 浓度逐渐增高，这将对整个地球系统中的长波辐射收支平衡产生影响，并可能导致温室效应，从而造成全球性的气候变化。

4. 氮氧化物

氮氧化物（NO_x）种类很多，包括一氧化二氮（N_2O）、一氧化氮（NO）、二氧化氮（NO_2）、三氧化二氮（N_2O_3）、四氧化二氮（N_2O_4）和五氧化二氮（N_2O_5）等多种化合物，但主要是 NO 和 NO_2，它们是常见的大气污染物。

天然排放的 NO_x 主要来自土壤和海洋中有机物的分解，属于自然界的氮循环过程的一部分。人为活动排放的 NO_x 大部分来自化石燃料的燃烧过程，如汽车、飞机、内燃机及工业窑炉的燃烧过程；也来自生产、使用硝酸的过程，如氮肥厂、有机化工厂、有色及黑色金属冶炼厂等。据 20 世纪 80 年代初估计，全世界每年由人类活动向大气排放的 NO_x 约 5.3×10^7 t。NO_x 对环境的损害作用极大，它既是形成酸雨的主要物质之一，也是形成大气中光化学烟雾的重要物质和消耗臭氧的一个重要因子。

在高温燃烧条件下，NO_x 主要以 NO 的形式存在，最初排放的 NO_x 中 NO 约占 95%。但是，NO 在大气中极易与空气中的氧发生反应，生成 NO_2，故大气中 NO_x 普遍以 NO_2 的形式存在。在湿度较大或有云雾存在时，NO_2 进一步与水分子作用形成硝酸。在有催化剂存在时，如加上合适的气象条件，NO_2 转变为硝酸的速度加快。特别是当 NO_2 与 SO_2 同时存在时，形成硝酸的速度更快。

此外，NO_x 还可以因飞机在平流层中排放废气，逐渐积累，而使其浓度逐渐增大。NO_x 可与平流层内的臭氧发生扩散反应时生成 NO_2 和 O·。NO_2 和 O·进一步反应生成 NO 和 O_2，从而打破臭氧平衡，使臭氧浓度降低导致臭氧层的耗损。

5. 碳氢化合物

碳氢化合物包括烷烃、烯烃和芳香烃等复杂多样的物质。大气中大部分碳氢化合物来源于植物的分解，人类排出的量虽小，却非常重要。

碳氢化合物的人为来源主要是石油燃料的不充分燃烧和石油类的蒸发过程。在石油炼制、石油化工生产中也能产生多种碳氢化合物。燃油的机动车亦是主要的碳氢化合物污染源。碳氢化合物是形成光化学烟雾的重要组成部分。碳氢化合物中的多环芳香烃化合物，如 3，4 - 苯并芘，具有明显的致癌作用。

6. 卤素化合物

卤素化合物包括氟利昂、Br_2、I_2、HF、HCl 等。环境空气中的 Br_2、I_2 主要来自于土壤和海洋的天然释放，而人类活动如一些化工厂的废气则排放 HF、HCl 等。氟利昂主要用作制冷剂，在对流层中不发生化学反应，通过大气环流到达平流层会耗损臭氧层。

三、一次污染物和二次污染物

从污染源排入大气中的污染物质，在与空气混合过程中会发生种种物理、化学变化。依其形成过程的不同，通常可以将其分为一次污染物和二次污染物（见表 3 - 1）。

表 3 - 1　一次污染物和二次污染物

化合物	一次污染物	二次污染物
含硫化合物	SO_2、H_2S	SO_3、H_2SO_4、MSO_4
含氮化合物	NO、NH_3	NO_2、HNO_3、MNO_3
碳氢化合物	C_4H_{10}、C_4H_8、CH_3CHO	醛、过氧乙酰硝酸酯
碳氧化合物	CO、CO_2	
卤素化合物	HF、HCl	

一次污染物是从污染源直接排出的污染物，它可分为反应物质和非反应物质。前者不稳定，还可与大气中的其他物质发生化学反应；后者比较稳定，在大气中不与其他物质发生反应或反应速度缓慢。二次污染物是指不稳定的一次污染物与大气中原有物质发生反应，或者污染物之间相互反应而生成的新的污染物质，这种新的污染物质与原来的污染物

质在物理、化学性质上完全不同。但无论是一次污染物还是二次污染物都能引起大气污染，对环境及人类产生不同程度的影响。

四、大气污染物危害

1. 可吸入颗粒物（PM 10、PM 2.5）

气象专家和医学专家认为，细颗粒物对人体健康的危害甚至要比沙尘暴更大。粒径 10 μm 以上的颗粒物，会被挡在人的鼻子外面；粒径在 2.5 ～ 10 μm 之间的颗粒物，能够进入上呼吸道，但部分可通过痰液等排出体外，另外也会被鼻腔内部的绒毛阻挡，对人体健康危害相对较小；而粒径在 2.5 μm 以下的细颗粒物（PM 2.5）则不易被阻挡。细微颗粒物对人体健康的影响，是它可以进入肺脏的最深部，引起或加重哮喘病、急性呼吸系统症状（如咳嗽、呼吸困难或呼吸疼痛）、肺功能损伤以及慢性支气管炎，对老年人和儿童的危害尤为明显。而且细微颗粒物可以随着气流扩散到很远的地方，是造成能见度降低的一个主要原因，严重影响城市大气环境质量。

2. 二氧化硫（SO_2）

二氧化硫是一种常见的和重要的大气污染物，是一种无色有刺激性的气体。二氧化硫主要来源于含硫燃料（如煤和石油）的燃烧；含硫矿石（特别是含硫较多的有色金属矿石）的冶炼；化工、炼油和硫酸厂等的生产过程。

二氧化硫对人体健康的危害不容忽视，当二氧化硫进入呼吸道后，因其易溶于水，故大部分被阻滞在上呼吸道，在湿润的黏膜上生成具有腐蚀性的亚硫酸、硫酸和硫酸盐。上呼吸道的平滑肌神经感受器遇刺激会产生窄缩反应，使气管和支气管管腔缩小，导致呼吸道不适。二氧化硫可被吸收进入血液，对全身产生毒副作用，它能破坏酶的活力，从而影响碳水化合物及蛋白质的代谢，对肝脏有一定的损害，并影响机体生长发育。

3. 一氧化碳（CO）

一氧化碳俗称煤气，是一种无色、无味、无臭、无刺激性的有毒气体，几乎不溶于水，在空气中不容易与其他物质产生化学反应，故可在大气中停留很长时间，形成严重的局部污染。一氧化碳是煤、石油等含碳物质不完全燃烧的产物。一些自然灾害如火山爆发、森林火灾、矿坑爆炸和地震等灾害事件，也能造成局部地区一氧化碳的浓度增高。吸烟也被认为是一氧化碳污染来源之一。

一氧化碳属于窒息性毒物。空气中一氧化碳达到一定浓度时，就会引起种种中毒症状，甚至死亡。一氧化碳与人体血液中血红素的亲合力是氧气的 210 倍，而血红素担负着向人体器官和组织输送氧气的重任。血红素和一氧化碳结合生成一氧化碳血红素，导致血红素丧失输氧功能，使人体器官和组织的供氧量不足，这对心脏病和呼吸系统疾病患者特别有害。长时间接触低浓度的一氧化碳对人体心血管系统、神经系统乃至对后代均有一定影响。

4. 氮氧化物（NO_x）

一氧化氮、二氧化氮等氮氧化物是常见的大气污染物质，能刺激呼吸器官，引起急性和慢性中毒，影响和危害人体健康。氮氧化物中的二氧化氮毒性最大，它比一氧化氮毒性高 4 ～ 5 倍。大气中氮氧化物主要来自汽车废气以及煤和石油燃烧的废气。

氮氧化物的传播距离很远，可以在较大范围内引起多种环境和健康问题。氮氧化物与空气中的水分和其他物质反应生成酸，形成酸雨、酸雾、酸雪或干的酸性颗粒物，腐蚀汽车、建筑物和历史文物等。酸雨还会使河流、湖泊酸化，不适宜鱼类生存。

氮氧化物与空气中的水分、氨以及其他化合物反应，生成含硝酸的细微颗粒物，这些细微颗粒物可以进入肺脏深部，引起或者恶化肺气肿和支气管炎等呼吸系统疾病，还可以使心脏病患者病情加重。

5. 碳氢化合物 HC

汽油挥发和汽车尾气排放的碳氢化合物中包括 200 多种有机物，许多有机物都是有毒的，能够引起一系列健康问题，其中一些碳氢化合物甚至是潜在的致癌物。此外，在阳光照射下且存在氮氧化物时，碳氢化合物会发生反应，在近地面生成臭氧，而臭氧是光化学烟雾的主要成分之一，是难以对付的城市空气污染问题。

6. 臭氧 O_3

在天气炎热和阳光充足的条件下，氮氧化物、碳氢化合物与挥发性有机物发生反应，在近地面形成臭氧，光化学烟雾污染的标志是臭氧浓度的升高。吸入浓度极低的臭氧就会引起急性呼吸系统疾病、加重哮喘病、引起肺组织发炎、损害人体免疫系统，使人易患支气管炎、肺炎等呼吸系统疾病。臭氧可以灼伤肺细胞，灼伤的肺细胞几天之内就会脱落，就像晒伤以后脱皮一样。在臭氧浓度超标的情况下，健康的成年人在户外工作或锻炼几个小时，其肺功能在短时间内将会降低 15% ～ 20%。夏季，臭氧浓度一般都偏高，而这个季节正是儿童户外活动增多的时候，所以臭氧对儿童健康的损害是不言而喻的。

五、大气污染物控制技术

1. 减少或防止污染物的排放

①改革能源结构，采用无污染能源（如太阳能、风力、水力）和低污染能源（如天然气、沼气、酒精）。②对燃料进行预处理（如燃料脱硫、煤的液化和气化），以减少燃烧时产生污染大气的物质。③改进燃烧装置和燃烧技术（如改革炉灶、采用沸腾炉燃烧等）以提高燃烧效率和降低有害气体排放量。④采用无污染或低污染的工业生产工艺（如不用和少用易引起污染的原料，采用闭路循环工艺等）。⑤节约能源和开展资源综合利用。⑥加强企业管理，减少事故性排放和逸散。⑦及时清理和妥善处置工业、生活和建筑废渣，减少地面扬尘。

2. 治理排放的主要污染物

燃烧过程和工业生产过程在采取上述措施后，仍有一些污染物排入大气，应控制其排放浓度和排放总量使之不超过该地区的环境容量。主要方法有：

①利用各种除尘器去除烟尘和各种工业粉尘。②采用气体吸收塔处理有害气体（如用氨水、氢氧化钠、碳酸钠等碱性溶液吸收废气中的二氧化硫；用碱吸收法处理排烟中的氮氧化物）。③应用其他物理的（如冷凝）、化学的（如催化转化）、物理化学的（如分子筛、活性炭吸附、膜分离）方法回收利用废气中的有用物质，或使有害气体无害化。

3. 发展植物净化

植物具有美化环境、调节气候、截留粉尘、吸收大气中有害气体等功能，可以在大面积的范围内，长时间地、连续地净化大气。尤其是大气中污染物影响范围广、浓度比较低的情况下，植物净化是行之有效的方法。在城市和工业区有计划地、有选择地扩大绿地面积是大气污染综合防治具有长效能和多功能的措施。

　　4. 利用环境的自净能力

　　大气环境的自净有物理、化学作用（扩散、稀释、氧化、还原、降水洗涤等）和生物作用。在排出的污染物总量恒定的情况下，污染物浓度在时间上和空间上的分布同气象条件有关，认识和掌握气象变化规律，充分利用大气自净能力，可以降低大气中污染物浓度，避免或减少大气污染危害。例如，以不同地区、不同高度的大气层的空气动力学和热力学的变化规律为依据，可以合理地确定不同地区的烟囱高度，使经烟囱排放的大气污染物能在大气中迅速地扩散稀释。

六、小结

　　大气污染物来源及主要控制技术见图 3-2。

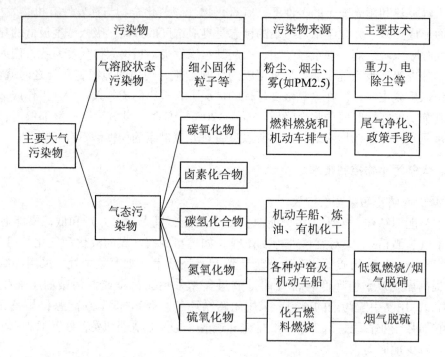

图 3-2　大气污染物来源及主要控制技术

第二节　大气污染监测及控制实验

实验 17　总悬浮颗粒物（TSP）的测定

一、目的和要求

（1）学习和掌握质量法测定大气中总悬浮颗粒物（TSP）的方法；

（2）掌握中流量 TSP 采样器基本技术及其采样方法。

二、原理

大气中悬浮颗粒物不仅是严重危害人体健康的主要污染物，而且也是气态、液态污染物的载体。其成分复杂，并具有特殊的理化性质及生物活性，是大气污染监控的重要项目之一。

测定总悬浮颗粒物的方法是基于重力原理制定的。国内外广泛采用称量法，即抽取一定体积空气，通过已恒量的滤膜，空气中粒径在 100 μm 以上的悬浮颗粒物被阻留在滤膜上，根据采样前后滤膜质量之差及采样体积，可计算总悬浮颗粒物的质量浓度。滤膜经处理后，可进行组分分析。

三、仪器与试剂

（1）智能中流量采样器；

（2）温度计；

（3）气压计；

（4）8 cm 超细玻璃纤维滤膜；

（5）滤膜盒；

（6）分析天平（感量 0.1 mg）。

四、实验步骤

1. 采样

（1）一般采用中流量空气采样器采样，见图 3-3。每张滤膜使用前均需用光照检查，不得使用有针孔或有任何缺陷的滤膜采样。

（2）采样用的滤膜在称量前需在平衡室内平衡 24 h，然后在规定条件下迅速称量，读数准确至 0.1 mg，记下滤膜编号和质量，将滤膜平展地放在光滑洁净的纸袋内，然后储存于盒内备用；滤膜不能弯曲或折叠（见图 3-4）。

平衡室的平衡温度在 20 ～ 25 ℃之间，温度变化小于 ±3 ℃，相对湿度小于 50%，湿度变化小于 5%。天平室温度应维持在 15 ～ 30 ℃之间。

（3）采样时，将已恒量的滤膜用小镊子取出，"毛"面向上，将其放在采样夹的网托上（网托事先用纸擦净），放上滤膜夹，拧紧采样器顶盖，然后开机采样，调节采样流量为 100 L/min。

图 3 - 3　中流量空气采样器

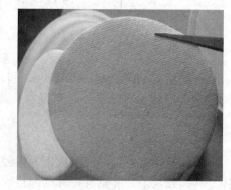
图 3 - 4　滤膜

（4）采样开始后 5 min 和采样结束前 5 min 记录一次流量。一张滤膜连续采样 24 h。

（5）采样后，用镊子小心取下滤膜，使采样毛面朝内，以采样有效面积长边为中线对叠，将折叠好的滤膜放回表面光滑的纸袋储于盒内。

（6）记录采样期温度、压力。

切割器及安装示意图见图 3 - 5。

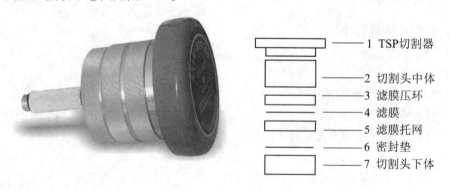

　　1　TSP切割器
　　2　切割头中体
　　3　滤膜压环
　　4　滤膜
　　5　滤膜托网
　　6　密封垫
　　7　切割头下体

图 3 - 5　切割器及安装示意图

2. 样品测定

采样后的滤膜在平衡室内平衡 24 h，迅速称量，读数准确至 0.1 mg。

五、数据处理

总悬浮颗粒物（TSP）测定计算采用如下公式，国家标准浓度限值见表 3 - 2。

$$TSP（mg/m^3）= \frac{m_1 - m_0}{V_{nd}}$$

式中　m_1——采样后滤膜质量，mg；

　　　　m_0——采样前滤膜质量，mg；

50

V_{nd}——标准状况下采样总体积，m^3。

注：PM 10、PM 2.5通过安装切割头，可用同样的操作方式进行测定。

表 3 - 2　国家标准浓度限值

污染物名称	取值时间	浓度限值/（$mg \cdot m^{-3}$）		
		一级标准	二级标准	三级标准
总悬浮颗粒物（TSP）	年平均	0.08	0.20	0.30
	日平均	0.12	0.30	0.50
可吸入颗粒物 PM 10	年平均	0.04	0.10	0.15
	日平均	0.05	0.15	0.25

六、注意事项

（1）由于采样器流量计上表观流量与实际流量随温度、压力的不同而变化，所以采样器流量计必须校正后才能使用。

（2）要经常检查采样头是否漏气。如果滤膜上颗粒物与四周白边之间的界线模糊，表明面板密封垫没垫好或密封性能不好，应更换面板密封垫，否则测定结果将会偏低。

（3）取样后应注意滤膜是否出现物理性损伤及采样过程中是否有穿孔漏气现象，若发现有损伤、穿孔漏气现象，应作废，重新取样。

七、思考题

（1）采样点如何选择？

（2）滤膜在恒量称量时应注意哪些问题？

实验 18　室内空气甲醛的测定

一、实验目的

了解室内甲醛的危害，了解室内甲醛测定方法。

二、原理

根据国家强制性标准，关闭门窗 1 h 和 24 h 以后，每立方米室内空气中，甲醛释放量不得大于 0.08 mg；如达到 0.1 ～ 2.0 mg，50% 的正常人能闻到臭气；达到 2.0 ～ 5.0 mg，眼睛、气管将受到强烈刺激，出现打喷嚏、咳嗽等症状；达到 10 mg 以上，呼吸困难；达到 50 mg 以上，会引发肺炎等危重疾病，甚至导致死亡。

本实验采用 GDYK - 206S 甲醛测定仪，其原理是基于被测样品中甲醛与显色剂反应生成有色化合物对可见光有选择性吸收而建立的比色分析法，采用国家标准方法酚试剂比色法（GB/T 18204.26—2000 酚试剂分光光度法）。仪器由硅光光源、比色瓶、集成光电传感器和微处理器构成，可直接显示出被测样品中甲醛的含量。

三、仪器

（1）GDYK-206S甲醛测定仪（见图3-6）；

（2）吸收瓶；

（3）甲醛吸收剂（粉末状）；

（4）甲醛显色剂（液体状）。

四、操作步骤

1. 采样（参见附录）

按照说明安装仪器，加入试剂，开机采样。

2. 检测

采样完毕按照说明进行检测。

图3-6 GDYK-206S甲醛测定仪

五、相关知识

室内装修，家具中使用的材料，诸如胶合板、细木工板、中密度纤维板、刨花板、贴墙布、壁纸、化纤地毯、油漆、涂料、粘合剂等均不同程度地含有甲醛或可水解为甲醛的化学物质。

甲醛对健康的危害主要有以下几个方面：

（1）刺激作用：甲醛的主要危害表现为对皮肤黏膜的刺激作用。甲醛是原浆毒物质，能与蛋白质结合，高浓度吸入时出现呼吸道严重的刺激和水肿、眼刺激、头痛等。

（2）致敏作用：皮肤直接接触甲醛可引起过敏性皮炎、色斑、组织坏死，吸入高浓度甲醛时可诱发支气管哮喘。

（3）致突变作用：高浓度甲醛还是一种基因毒性物质。实验动物在实验室高浓度吸入甲醛的情况下，可引起鼻咽肿瘤。

（4）突出表现：头痛、头晕、乏力、恶心、呕吐、胸闷、眼痛、嗓子痛、胃纳差、心悸、失眠、体重减轻、记忆力减退以及植物神经紊乱等；孕妇长期吸入可导致胎儿畸形，甚至死亡；男子长期吸入可导致精子畸形、死亡等。

除甲醛常用的方法有：

（1）通风法：效果良好，最省钱有效，装修后一定要多通风。

（2）物理吸附法：因为单纯通风除甲醛速度较慢，效果不是特别理想，所以可以采用物理吸附的方法作为辅助。最好用的吸附材料有活性炭、玛雅蓝等，用量可以根据室内装修情况和面积来做选择。

（3）植物吸收法：绿萝、仙人掌、吊兰、铁树等植物对甲醛有微量的吸收效果。

实验19　有机废气的催化净化（演示实验）

一、目的和要求

（1）了解催化法处理有机废气的原理；

（2）了解催化处理有机废气的工艺条件。

二、原理

涂料、印刷、喷漆、电缆、制鞋等行业的生产过程排放出含有多种有机物废气，其中大多数为挥发性有机物 VOCs。这些废气的排出对大气环境将造成严重污染。催化燃烧法净化废气中 VOCs 可在较低温度下进行，且不产生二次污染，不受组分浓度限制，因此应用广泛。

有机废气在一定的温度下可发生氧化反应，生成无害的二氧化碳和水。直接燃烧有机废气所需温度较高，并伴有火焰产生。若采用适合的氧化型催化剂，则可使燃烧温度降低，在较低的温度下将有机物氧化分解为二氧化碳和水，且无火焰产生。

催化反应必须在一定的温度下才能发生，只有温度达到某一值时，催化反应才能以明显的速度进行，这个温度称为催化剂的起燃温度。起燃温度的高低及有机废气转化率的大小是评价催化剂活性的主要指标。有机物的催化反应过程如下：

$$C_nH_m + (n+\frac{m}{4})O_2 \xrightarrow{\text{催化剂}} nCO_2\uparrow + \frac{m}{2}H_2O + \text{热量}$$

有机物　　　　催化燃烧　无害物质　预热废气
　　　　　　　催化剂　　　　　　　热量回用

工业有机废气催化净化设备见图 3-7，VOCs 有机废气催化剂见图 3-8。

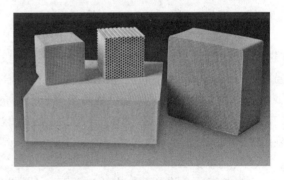

图 3-7　工业有机废气催化净化设备　　　　图 3-8　VOCs 有机废气催化剂

三、实验装置

实验装置及工艺流程见图 3-9。

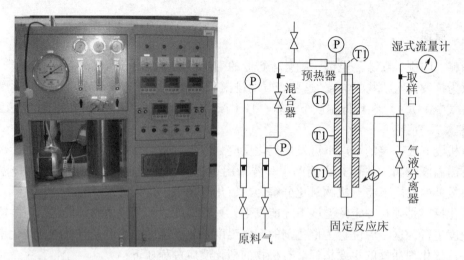

图 3 - 9　实验装置及其工艺流程图

四、实验操作方法和步骤

（1）原料气的加入。

打开"气体 1 截止阀""气体 2 截止阀"，调节转子流量计上的调节旋钮至所需流量，设定稳定流量的原料气。

（2）加热控制。

本装置共有三组加热器，开启"上段加热开关""中段加热开关""下段加热开关"，根据所需的温度，调节"上段电流调节""中段电流调节""下段电流调节"，对反应器温度进行控制。根据不同催化剂的性能选择适合温度进行催化反应。

（3）当开始反应时，应控制测量热点温度的热电偶在催化剂床层的温度最高处（指放热反应）。反应初期应每小时检查热点温度一次；系统反应稳定后，应每天至少检查热点温度一次。

（4）结束实验。

反应结束后，将各加热电流均调至 0 A，按催化剂要求通入原料气或惰性气体对系统进行降温，待反应器降至催化剂要求的温度范围时，停止通气。

实验 20　吸附法废气处理（演示实验）

一、实验目的

（1）了解吸附法净化有害废气的原理和特点；
（2）了解活性炭吸附剂的再生吸附试验。

二、原理

活性炭（见图 3 - 10）吸附广泛用于大气污染、水质污染和有毒气体的净化领域。用吸附法净化气态污染物是一种简便的方法。利用活性炭的物理吸附法性能和大的比表面积，

图 3 - 10　活性炭

54

可将废气中污染气体分子吸附在活性炭上，达到净化的目的。

活性炭是基于其较大的比表面积和较好的物理性能而吸附气体中的 SO_2 的。产生物理吸附作用的力主要是分子间的引力。含污染物的气体通过活性炭床层，由于吸附速率的原因，形成一个传质吸附区，在稳定后，传质区沿气流方向向前推进。床尾气流浓度一开始保持不变，达到破点后，逐渐升高直到接近进口浓度。吸附法废气处理装置见图 3-11。

图 3-11　吸附法废气处理装置

三、实验步骤

（1）首先检查设备有无异常（漏电、漏气等）。一切正常后开始操作。

（2）启动气泵电源，开始进气，将进气流量计调节在 $1.5 \sim 2 \ m^3/h$ 之间。

（3）先将 SO_2 气体流量计打开，再启动进气电磁阀，打开钢瓶阀门并调节进气体积分数（0.1% ～ 0.5%）。

（4）进行 SO_2 气体吸附净化实验，改变其气体浓度、气量变化、不同吸附剂等，观察对其吸附效率的影响。

（5）待吸附剂饱和以后，停止吸附操作，转入高温脱附阶段，此时须先将有机气体电磁阀关闭，停止进气，然后再打开再生加热器，再生时间须数小时。对其完全脱附后，停止再生加热。待反应器降温至常温后，重新进行吸附操作。

（6）实验完毕后，关闭压缩机，切断电源，清洗、整理仪器药品。

实验 21　碱液吸收法测 SO_2（演示实验）

一、实验目的

（1）了解用吸收法净化废气中 SO_2 的原理和效果；

（2）改变空塔速度，观察填料塔内气液接触和液泛现象。

二、实验原理

本实验采用填料吸收塔，用 5% NaOH 或 Na_2CO_3 溶液吸收 SO_2。含 SO_2 的气体可采用吸收法净化。由于 SO_2 在水中溶解度不高，常采用化学吸收法。吸收 SO_2 的吸收剂种类较多，本实验采用 NaOH 或 $NaCO_3$ 溶液作为吸收剂，吸收过程发生的主要化学反应为

$$2NaOH + SO_2 === Na_2SO_3 + H_2O$$
氢氧化钠　二氧化硫　　亚硫酸钠　　水

$$Na_2CO_3 + SO_2 === Na_2SO_3 + CO_2$$
碳酸钠　　二氧化硫　　亚硫酸钠　二氧化碳

$$Na_2SO_3 + SO_2 + H_2O === 2NaHSO_3$$
亚硫酸钠　二氧化硫　水　　　亚硫酸氢钠

三、实验装置

填料吸收实验装置及吸附流程见图 3 - 12。

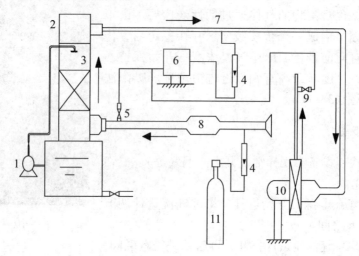

图 3 - 12　填料吸收实验装置及吸附流程示意图

1—耐碱泵；2—SO_2 吸收塔；3—喷淋装置；4—转子流量计；5—进气取样口；6—SO_2 在线数据检测仪；7—抽气取样口；8—气体混合装置；9—尾气取样口；10—风机；11—SO_2 瓶

　　吸收液从储液槽由水泵泵出并通过转子流量计，从填料塔上部经喷淋装置喷入塔内，流经填料表面由塔下部排出，流入储液槽。空气由高压离心风机吸入与 SO_2 气体相混合，配制成一定体积分数的混合气。SO_2 来自钢瓶，并经流量计计量后进入进气管。含 SO_2 的空气从塔底部进气口进入填料塔内，通过填料层后，气体经除雾器后由塔顶排出。

四、实验方法和步骤

　　（1）正确连接实验装置，检查系统是否漏气，并在储液槽中注入配置好的 5% 碱溶液。

　　（2）打开吸收塔的进液阀，并调节液体流量，使液体均匀喷淋，并沿填料表面缓慢流下，以充分润湿填料表面，当液体由塔底流出后，将液体流量调至 400 L/h。

　　（3）开高压离心风机，调节气体流量，使塔内出现液泛。仔细观察此时的气液接触状况，并记录下液体液泛时的气速。

　　（4）逐渐减小气体流量，在液泛现象消失后（即在接近液泛现象，吸收塔能正常工作时），开启 SO_2 气瓶，并调节其流量，使气体中 SO_2 的体积分数为 0.01% ～ 0.5%。

　　（5）经数分钟，待塔内操作完全稳定。

　　（6）用 SO_2 测定仪测定吸收塔上下 SO_2 的体积分数。

　　（7）在液体流量不变，并保持其 SO_2 体积分数在大致相同的情况下，改变气体的流量，按上述方法，测取 4 ～ 5 组数据。

　　（8）实验完毕后，先关掉 SO_2 气瓶，待 1 ～ 2 min 后停止供液，最后停止鼓入空气。

实验 22　除尘装置（演示实验）

一、实验目的

（1）通过本实验了解三种除尘器结构及工艺原理；

（2）了解三种除尘器的主要特点。

二、除尘器性能

把粉尘从烟气中分离出来的设备叫除尘器或除尘设备。除尘器的性能用可处理的气体量、气体通过除尘器时的阻力损失和除尘效率来表达。同时，除尘器的价格、运行和维护费用、使用寿命长短和操作管理的难易也是考虑其性能的重要因素。除尘器是锅炉及工业生产中常用的设施。本实验介绍旋风除尘器、静电除尘器和机械振打袋式除尘器三种除尘器。

三、常见除尘器

（一）旋风除尘器

1. 实验装置构造

旋风除尘器实验装置见图 3 – 13。

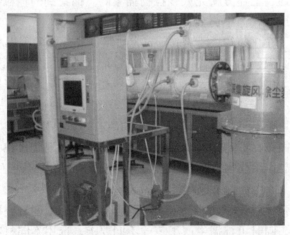

图 3 – 13　旋风除尘器实验装置

2. 实验原理

旋风除尘器是使含尘气流作高速旋转运动，借助离心力的作用将颗粒物从气流中分离并收集下来的除尘装置。

旋风除尘器内的气流情况如图 3 – 14 所示。进入旋风除尘器的含尘气流沿筒体内壁边旋转边下降，同时有少量气体沿径向运动到中心区域中，当旋转气流的大部分到达锥体底部附近时，则开始转为向上运动，中心区域边旋转边上升，最后由出口管排出，同时也存在着离心的径向运动。通常将旋转向下的外圈气流称为外旋涡，而把锥体底部的区域称为回流区或者混流区。烟气中所含颗粒物在旋转运动过程中，在离心力的作用下逐步沉降在除尘器的内壁上，并在外旋涡的推动和重力作用下，大部分颗粒物逐渐沿锥体内壁降落到灰斗中。此外，进口气流中的少部分气流沿筒体内壁旋转向上，到达上顶端盖后又继续沿出口管外壁旋转下降，最后到达出口管下端附近被上升的气流带走。通常把这部分气流称为上旋涡。随着上旋涡，有少量细颗粒物被内旋涡向上带走。同样，在混流区内也有少部分细颗粒物被内旋涡向上带起，并被部分带走。

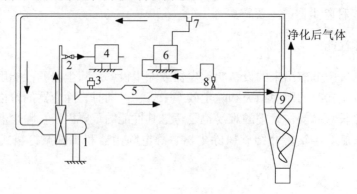

图 3-14　旋风除尘器内的气流情况示意图

1—风机；2—尾气取样口；3—粉尘配灰装置；4,6—微电脑在线数据检测仪；5—气体混合装置；7—抽气口
8—进气取样口；9—数据采集旋风除尘装置

旋风除尘器就是通过上述方式完成颗粒物捕集的。捕集到的颗粒物位于除尘器底部的灰斗中。从除尘器排出的气体中仍会含有部分细小颗粒物。

旋风除尘器适用于净化粒径大于 1 μm 的非粘性、非纤维的干燥粉尘。它是一种结构简单、操作方便、耐高温、阻力较高（80 ～ 160 mm 水柱）的净化设备。旋风除尘器在净化设备中的应用最为广泛。改进型的旋风分离器在部分装置中可以取代尾气过滤设备。

3. 特点

旋风除尘器是利用旋转的含尘气流所产生的离心力，将颗粒污染物从气体中分离出来。旋风除尘器结构简单，器身无运动部件，不需要特殊的附属设备，占地的面积小，制造、安装投资较少。旋风除尘器操作、维护简单，压力损失中等，动力消耗不大，运转、维护费用较低，对于大于 10 μm 的粉尘有较高的分离效率。

旋风除尘器操作弹性较大，性能稳定，不受含尘气体的浓度、温度限制。对于粉尘的物理性质无特殊要求，同时可根据生产工艺的不同要求，选用不同材料制作，或内衬各种不同的耐磨、耐热材料，以提高使用寿命。

（二）静电除尘器

静电除尘是将含尘气体经过高压静电场时被电分离，尘粒与负离子结合带上负电后，趋向阳极表面放电沉积而达到除尘目的。它是利用静电场使气体电离从而使尘粒带电吸附到电极上的收尘方法。工业中用以净化气体或回收有用尘粒。在强电场中空气分子被电离为正离子和电子，电子奔向正极过程中遇到尘粒，使尘粒带负电吸附到正极而被收集。常用于以煤为燃料的工厂、电站收集烟气中的煤灰和粉尘。

1. 实验装置构造

静电除尘装置见图 3-15。

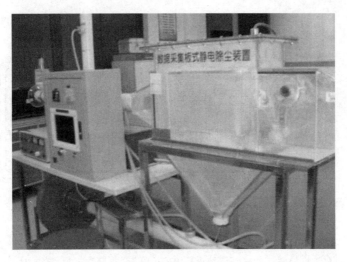

图 3 – 15　静电除尘装置

板式静电除尘器主要由集尘极、电晕极、高压静电电源，高压变压器、离心风机及机械振打装置等组成。电晕极挂在两块集尘板中间，放电电压可调，集尘板与支撑架都必须接地。

2. 原理

静电除尘器的除尘原理是使含尘气体的粉尘微粒，在高压静电场中荷电，荷电尘粒在电场的作用下，趋向集尘极和放电极，带负电荷的尘粒与集尘极接触后失去电子，成为中性而粘附于集尘极表面上，为数很少的带电荷尘粒沉积在截面很小的放电极上。然后借助于振打装置使电极抖动，将尘粒脱落到除尘的集尘灰斗内，达到收尘目的（见图 3 – 16 ～图 3 – 18）。

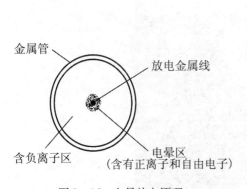

图 3 – 16　电晕放电原理

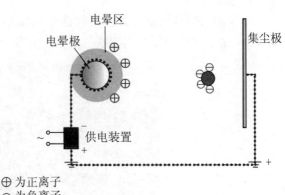

图 3 – 17　静电除尘器除尘过程示意图

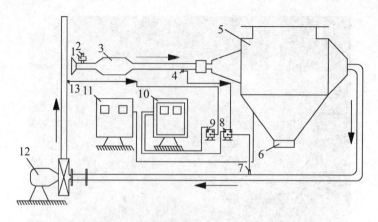

图 3 - 18　静电除尘装置及除尘流程示意图

1—粉尘盒；2—搅动配灰电机；3—气尘混合装置；4—进气抽样口；5—静电除尘箱；6—卸灰口；7—抽气取样口；8—进气浓度检测仪；9—尾气浓度检测仪；10—微电脑数据检测仪；11—高压静电电源；12—风机；13—尾气取样口

3. 设备特点

静电除尘器与其他除尘设备相比，耗能少，除尘效率高，适用于除去烟气中 0.01 ～ 50 μm 的粉尘，而且可用于烟气温度高、压力大的场合。需处理的烟气量越大，使用静电除尘器的投资和运行费用越经济。

（三）机械振打袋式除尘器

袋式除尘器是一种高效干式除尘器。它是依靠纤维滤料做成的滤袋，是通过滤袋表面上形成的粉尘层来净化气体的。几乎对于一般工业中的所有粉尘，其除尘效率均可达到 99% 以上。

1. 实验装置构造

本实验采用机械振打袋式除尘器（见图 3 - 19）。该除尘器共 6 条滤袋，总过滤面积为 0.26 m²。实验滤料选用 208 工业涤纶绒布。

图 3 - 19　机械振打袋式除尘装置

2. 原理

本实验系统流程如图3-20所示。含尘气流从进气管进入，从下部进入圆筒形滤袋，在通过滤料的孔隙时，粉尘被捕于滤料上，透过滤料的清洁气体由排气管排出。沉积在滤料上的粉尘，可在振动的作用下从滤料表面脱落，落入灰斗中。因为滤料本身网孔较大，因而新鲜滤料的除尘效率较低，粉尘因截流、慢性碰撞、静电和扩散等作用，逐渐在滤袋表面形成粉尘层，常称为粉层初层。初层形成后，它成为袋式除尘器的主要过滤层，提高了除尘效率。滤布只不过起着形成粉层初层和支撑它的骨架作用，但随着粉尘在滤袋上积聚，滤袋两侧的压力差增大，会把有些已附在滤料上的细小粉尘挤压过去，使除尘效率显著下降。另外，若除尘器阻力过高，还会使除尘系统的处理气量显著下降，影响生产系统的排风效果。因此，除尘器阻力达到一定数值后，要及时清灰。

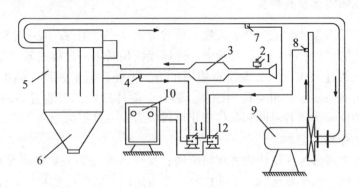

图3-20 机械振打袋式除尘装置及其除尘流程示意图

1—粉尘盒；2—搅动配灰电机；3—气尘混合装置；4—进气抽样口；5—数据采集机械振打袋式除尘装置；6—卸灰口；7—抽气取样口；8—尾气取样口；9—风机；10—微电脑数据检测仪；11—进气浓度检测；12—尾气浓度检测

3. 袋式除尘器的特点

（1）除尘效率高，一般在99%以上，除尘器出口气体含尘浓度在数十毫克每立方米之内，对亚微米粒径的细尘有较高的分级效率。

（2）处理风量的范围广，小的仅几立方米每分钟（m³/min），大的可达数万立方米每分钟，可用于工业炉窑的烟气除尘，减少大气污染物的排放。

（3）结构简单，维护操作方便。

（4）在保证同样除尘效率的前提下，造价低于电除尘器。

（5）采用玻璃纤维、聚四氟乙烯等耐高温滤料时，可在200℃以上的高温条件下运行。

（6）对粉尘的特性不敏感，不受粉尘及电阻的影响。

第四部分　固体样品环境污染监测及固废处理实验

第一节　固体废物污染概况

一、固体废物概念及其种类

固体废物，是指在社会的生产、流通、消费等活动中产生的，在一定时间和地点无法利用的污染环境的固态、半固态废弃物质。固体废物相对某一过程或某一方面没有使用价值，而并非在一切过程和一切方面没有使用价值。另外，由于各种产品本身具有使用寿命，超过了使用寿命期限，也会称为废物。因此，固体废物的概念是有时间性和空间性的。一种合成的废弃物随着时间和条件变化可以成为另一过程的原料，所以，固体废物又有"放错地点的原料"之称。

按物质的种类可分为无机废物和有机废物；按危害可分为一般固体废物和危险废物。通常按其来源不同分为矿业废物、工业废物、城市垃圾、农业废物和放射性废物等五类。

全世界固体废物的排放量十分惊人。目前工业化国家的工业固体废物排放量每年以 $2\% \sim 4\%$ 的速度增加。据有关资料显示，工业上每年产生 21×10^8 t 固体废物，其中美国产生 4×10^8 t，日本产生 3×10^8 t。

固体废弃物的特点：

1. 资源性

固体废弃物品种繁多，成分复杂，尤其是工业废渣，不仅数量大，而且具备某些天然原料、能源所具有的物理、化学特性，并且易于运输、加工和再利用。城市垃圾中含有多种可再利用的物质，世界上已有许多国家实行城市垃圾分类包装，作为再生资源或二次资源。

2. 特殊性

固体废弃物不仅占用大片土地和空间，还通过水、气和土壤对环境造成污染，并由此产生新的污染源头，如不进行彻底治理，便会形成固体废物的污染。

3. 严重的危害性

固体废弃物堆积，占用大片土地，造成环境污染，严重影响着生态环境。生活垃圾能滋生、繁殖和传播多种病菌，危害人、畜健康；危险废弃物的危害性更为严重，这与危险物的特殊性密切相关，主要表现在危险物可能具有的易燃性、辐射性、反应性、毒性和感染性等几个方面。

固体废弃物的分类、来源和主要组成物见表 4 – 1。

表 4-1 固体废弃物的分类、来源和主要组成物

分类	来源	主要组成物
矿业、工业废弃物	矿山、选冶	采矿废石、尾矿、金属、废木、砖瓦灰石等
	冶金、胶体、机械、金属结构等	金属、矿渣、砂石、模型、芯、边角料、涂料、管道、绝热和绝缘材料、黏结剂、废木、塑料、橡胶、烟尘等
	煤炭	矿石、木材、金属
	食品加工	肉类、谷物、果类、蔬菜、烟草
	橡胶、皮革、塑料等	橡胶、皮草、塑料、布、纤维、染料、金属等
	造纸、木材、印刷等	刨花、锯木、碎木、化学药剂、金属填料、塑料、木质等
	石油、化工	化学药剂、金属、塑料、陶瓷、沥青、油毡、石棉、涂料
	电器、仪器、仪表等	金属、玻璃、木材、橡胶、塑料、化学药剂、研磨剂、陶瓷、绝缘材料
	纺织服装业	布头、纤维、橡胶、塑料、金属
	建筑材料	金属、水泥、黏土、陶瓷、石膏、石棉、砂石、纸、纤维、玻璃
	电力	矿渣、粉煤灰、烟尘
城市垃圾	居民生活	食品垃圾、纸屑、布料、木料、庭院植物修剪、金属、玻璃、塑料、陶瓷、燃料灰渣、碎砖瓦、废弃具、粪便、杂物
	商业、机关	废弃管道、碎砌体、沥青及其他建筑材料，废汽车、废电器、废器具，含有易燃、易爆、腐蚀性、放射性的废物以及居民生活产生的各种废物
	市政维护、管理部门	碎砖瓦、树叶、死禽畜、金属、锅炉灰渣、污泥、脏土、下水管道、淤积物
农业废物	农林	稻草、秸秆、蔬菜、水果、果树枝条、糠秕、落叶、废塑料、人畜粪便、死禽畜、农药
	水产	腐烂鱼、虾、贝壳、水产加工污水、污泥
放射性废弃物	核工业、核电站、放射性医疗单位	金属、含放射性废渣、粉尘、污泥、器具、劳保用具、建筑材料

二、固体废物对人类的危害

1. 侵占土地，破坏地貌和植被

城市生活垃圾如不能得到及时处理和处置，将会占用农田，破坏农业生产，以及地貌、植被、自然景观等。固体废弃物的堆放要占用定量的土地，据估计平均每堆积 1 万 t 废渣和尾矿，占地 667 m³ 以上。近年来，我国每年固体废弃物产生量均在 0.6×10^9 t 左

右，2000 年产生量为 0.82×10^9 t，危险废弃物产生量为 8.3×10^6 t。全国工业固体废弃物综合利用率为 45.9%。固体废物的堆积侵占了大量土地，还造成地下水污染。

2. 严重污染土壤

固体废物如果处理不当，有害成分很容易经过地表径流进入土壤，杀灭土壤中的微生物，破坏土壤的结构，从而导致土壤健康状况恶化。土壤是植物赖以生存的基础。长期使用带有碎砖瓦砾的"垃圾肥"，土壤就严重"渣化"；未经处理的有害废物在土壤中风化、淋溶后，就渗入土壤，杀死土壤微生物，破坏土壤的腐蚀分解能力，导致土壤质量下降；带有病菌、寄生虫卵的粪便施入农田，一些根茎类蔬菜、瓜果就把土壤中的病菌、寄生虫卵吸进或带入体内，人们食用后就会患病。

3. 污染水体

固体废物可以随着天然降水或者随风飘移进入地表径流，进而流入江河湖泊等水体，造成地表水的污染。许多国家把大量的固体废物直接向江河湖海倾倒，不仅减少了水域面积，淤塞航道，而且污染水体，使水质下降。固体废物对水体的污染，有直接污染地表水的，也有下渗后污染地下水的。

4. 污染空气

固体废物向大气飘散。固体废物在收运、堆放过程中未作密封处理，有的经日晒、风吹、雨淋、焚化等作用，挥发了大量废气、粉尘；有的发酵分解后产生了有毒气体，向大气中飘散，造成大气污染。

5. 造成巨大的直接经济损失和资源能源的浪费

固体废物不像废气、废水那样到处迁移和扩散，必须占有大量的土地。城市固体废物侵占土地的现象日趋严重，我国堆积的工业固体废物有 60 亿 t，生活垃圾有 5 亿 t，预计每年有 1000 万 t 固体废物无法处理而堆积在城郊或公路两旁，几万公顷的土地被它们侵吞。

固体废物影响市容环境卫生。固体废物在城市里大量堆放而又处理不妥，不仅妨碍市容，而且对城市卫生有害。城市堆放的生活垃圾，非常容易发酵腐化，产生恶臭，招引蚊蝇、老鼠等滋生繁衍，容易引起疾病传染；在城市下水道的污泥中，还含有几百种病菌和病毒。长期堆放的工业固体废物有毒物质潜伏期较长，会造成长期威胁。另外，固体废物还可能通过植物和动物间接地对人类的健康造成危害，例如重金属污染等。

城市的清洁卫生文明，很大程度同固体废物的收集、处理有关，尤其是作为国家卫生城市和风景旅游城市，对固体废物不妥善处理，将会造成非常不良的影响。

除了上述危害，有些固体废物还可能造成燃烧、爆炸、接触中毒、腐蚀等特殊损害。

三、固体废物处理和处置

固体废物处置是指最终处置或安全处置，是固体废物污染控制的末端环节，是解决固体废物的归宿问题。一些固体废物经过处理和利用，总会有部分残渣存在，而且很难再加以利用，这些残渣可能又富集了大量有毒有害成分；还有些固体废物，尚无法利用，它们都将长期地保留在环境中，是一种潜在的污染源。为了控制其对环境的污染，必须进行最终处置，使之最大限度地与生物圈隔离。

固体废物处理是通过物理的手段（如粉碎、压缩、干燥、蒸发、焚烧等）或生物化学作用（如氧化、消化分解、吸收等）和热解气化等化学作用以缩小其体积、加速其自然净化的过程。但是不管采用何种处理方法，最终仍有一定量的固体废物残存，对这部分废物需要妥善地加以处置。特别在处理废物时，应避免产生二次污染，对有毒有害废物应确保不致对人类产生危害。

1. 固体废物的控制

（1）以减量化为核心，减少固体废物的产生。

A. 改变燃料结构，例如提高民用燃气的比例，可大幅度降低因燃烧煤产生的煤灰。

B. 避免过度包装和减少一次性商品的使用。

C. 加强产品的生态试剂。这是清洁生产的途径之一，即在产品设计中纳入环境准则，并优先考虑。例如降低无谓的消耗，研制可被生物降解的塑料产品。

D. 禁止开发无固体废物处理设施的项目，淘汰大量产生固体废物污染的生产工艺。

（2）加强基础设施建设。

对现有露天贮存工业固体废物，无专用贮存设施、场所的企业，要限期建设，限期内未建设的，禁止产生新的工业固体废物，对排放工业固体废物的企业要限期禁止排放。

（3）加强对危险废物的管理。

国家环保部、国家经贸部和公安部已于2008年6月6日颁布了《国家危险废物名录》，该名录已于2008年8月1日实施。共列出废物类别、废物来源和常见危害组分或废物名称三部分，47类。凡列入名录的危险废物将按《中华人民共和国固体废物污染环境防治法》中危险废物管理规定进行管理。

2. 固体废物的无害化处理

（1）堆肥化。

堆肥化是依靠自然界广泛分布的细菌、真菌等微生物，有控制地促进可被生物降解的有机物转化为腐殖质的过程。堆肥化的产物称为堆肥。堆肥是一种深褐色、质地松散、有泥土味的物质。这种物质的养料价值不高，但却是一种极好的土壤调节剂。其主要成分是腐殖质，氧、磷、钾的含量（质量分数）分别为 $0.4\% \sim 1.6\%$、$0.1\% \sim 0.4\%$、$0.2\% \sim 0.6\%$。将堆肥施用到土壤中，能改善土壤结构，提高土壤肥性；改变含砂少的土壤结构；提高土壤的蓄水能力；扩大作物的根系，并向植物提供 N、P、K 三种元素。若与化肥共同使用时，还能使肥料中的 P 元素变得更易被植物吸收，且能延长肥料中元素的有效期，从而提高作物所吸收的营养量。

（2）卫生填埋。

卫生填埋场在修建时，底部铺有夯实的膨润土或高密度聚乙烯防渗膜，其渗透系数仅为 $1 \times 10^{-7}/m^2$，防渗层上还布有纵横交错的导排管。垃圾在堆积过程中产生的渗滤液，被防渗层隔阻后通过导排管流入全封闭的渗井中，渗滤液会被抽入填埋场的污水处理厂，经过沉淀、曝气等处理后喷洒在作业面上压尘循环使用。填埋场周边的雨水也被隔离沟分离在场外。

垃圾填埋一段时间后会产生沼气，沼气聚集到一定浓度，如果排不出去，就会爆炸。因此，还必须在填埋垃圾的同时铺设收集沼气的管道，产生的沼气经管道集中收集起来利用或燃烧。

在卫生填埋场的周边建有检测井，监测人员定期从井中提取水样化验，以监测地下水的质量变化。

填埋场在到达使用年限后，其污水处理系统仍将继续运行，而其上垫面将被绿化。

垃圾填埋时利用工程手段将其压实减容至最小。与一般的填埋法相比，卫生填埋法具有的特点是填埋占地面积最小、土地利用率高；填埋结束后，土地可重新再利用；与周围环境，特别是地下水完全隔绝，不会对水体和大气造成二次污染，也不会孳生蚊、蝇、鼠，免除疫病传播等。

（3）焚烧。

焚烧法是一种高温热处理技术，其基本原理是以过量空气与被处理的废弃物，在焚烧炉内进行氧化燃烧反应，废物中的有害有毒物质在高温下被氧化、分解。这是一种可同时实现减量化、无害化、能源化的处理技术。由于目前世界性的能源短缺，促进了废物焚烧的发展，世界各国已广泛采用焚烧法处理垃圾，如瑞士61%、日本53%的城市垃圾均采用该法，欧美各国采用焚烧法也很普及。

（4）沼气化发酵。

沼气化发酵是将城市垃圾（有机物）在隔绝空气和保持一定的水分、温度、酸碱度等条件下，经过多种微生物的发酵分解作用产生沼气的过程。1984年法国GREDOBLE市附近建立了世界第一个具有生产规模的产沼企业LABUISSE工程，该厂年处理生活垃圾（包括污水处理厂污泥）1×10^4 t，消解器容积500 m^3，每天输入经分选后的垃圾13 t，沼气产量为200 m^3/d（60% CH_4、40% CO_2），消化后料渣为6.5 t/d。

（5）高温分解技术。

高温分解技术是在缺氧的条件下，对废弃物中的有机物加热，使其产生的不可逆化学变化（或热分解）。通过热分解可从有机废物中直接回收燃油、燃气等。垃圾热解后，残渣大为减少，所产生的燃气既能用作燃料又能用于发电。这一技术在丹麦、法国、日本、德国等国相继做了实际的研究和应用。如德国在1983年建立了第一座热解废轮胎、废塑料、废电缆的热处理厂，年处理量600 ～ 800 t；在昆斯堡建立了年处理量为3.5×10^4 t的城市垃圾废物热解试验工厂。美国纽约也建立了日处理废物能力达3000 t的热解工厂，整个处理回收系统耗资达10×10^8美元。

3. 城市垃圾与工业固体废物的资源化与最终处置

（1）固体废物资源化。

城市垃圾与工业固体废物资源化是采取管理和工艺措施，从固体废物中回收有用的物资和能源，促进物质循环，创造经济价值广泛的技术方法。研究表明，资源化可减少能源和物质消耗量，减少大气和水体污染，对于保护城市环境、开发资源、发展经济具有战略性意义。

目前固体废物资源化的主要途径有：

A. 包装物资的回收利用。为了便于物质回收，居民应养成将废物分类放置的习惯，环境卫生部门也应有统一的管理回收办法。在电脑的控制下对废弃物进行分拣，虽然花费较高，但可提高处理效率。为了促进回收利用，可建立生产商负责的废弃物强制回收制度。

B. 能源的回收利用。含可燃物质较多的垃圾可用于焚烧产生热量；高炉渣排放时温度很高，在水池中淬水时，池水升温，可利用渣池热水供暖；煤矸石是煤炭生产中排放的固体废物，它是有机碳化物与岩石的混合物，具有可燃性，可部分代替原煤加以利用。

C. 固体废物的综合利用。这是对固体废物进行多目标多途径利用的资源化方式。以粉煤灰、炉渣的综合利用为例，我国的燃煤电厂大多以煤粉锅炉发电，排除的废渣中炉渣占15%，煤灰占85%。据分析，粉煤灰具有 7 种颗粒成分，其中微珠、漂珠具有高强、耐磨、隔热、保温、绝缘、隔声等功能；蜂窝状玻璃体颗粒具有较高的胶凝活性、多空隙，并有一定的吸附性能；未燃尽的炭粒具有吸附性；铁成分形成的铁粉，所含硫、磷较低，质地优良，以上 5 种颗粒，约占灰分的70%（质量分数），另还有石英、莫来石等两种颗粒。煤灰渣（包括粉煤灰、炉渣）有多种用途，如做筑路、墙体、建材、环境工程及化工、军工、轻工等方面的原材料，可生产上百种产品。若综合发挥其特性可获得较高的经济效益。

（2）固体废物的最终处置。

城市垃圾与各行业固体废物实施综合利用与资源回收后，仍有大量无任何利用价值的剩余部分，包括各类危险废物在内，需要以最终形态回归自然环境中。为防止对环境造成污染，根据排放的环境条件，采取适当而必要的防护措施，以达到被处置废物与环境生态系统最大限度的隔绝，称为固体废物的"最终处置"或"无害化处置"。对于危险废物，则需要采用更加安全的防护处置措施，称为"安全处置"。

固体废物最终处置的途径可归纳为两种：陆地处置与海洋处置。某些工业化国家对于固体废物尤其是危险废物，早期多采用海洋处置。随着海洋保护法的制定及其在国际上的影响不断扩大，海洋处置引起了较大争议，使用范围已逐步缩小。我国对任何废物均不主张海洋处置。陆地处置是当前国际上较普遍采用的基本途径。从露天堆存已发展了多种处置方式，其中广为应用的是陆地填埋处置，适用于多种废物。其他处置方法还包括土地耕作处置、深井灌注、尾矿坝、废矿坑处置等，在世界各地亦有应用。

第二节　固废实验

实验 23　固体废物的采样和制样

一、实验目的

固体废物主要来源于人类的生产和生活，它可分为工业固体废物、城市垃圾（包括下水道污泥）、农业废物和危险废物等。由于经济的迅速发展和人口的急剧增长，固体废物的产量迅速增长，成分也日趋复杂，其污染问题已成为世界性环境公害之一。固体废物处理与资源化研究越来越受到重视。

进行固体废物的实验与分析，首先始于试样的采样和制样。由于固体废物量大、种类繁多且混合不均匀，因此与水质和大气实验分析相比，从废物如此不均匀的批量中采集有代表性的试样很难。为满足实验或分析的要求，对采集的样品还必须进行一定的处理，即固体废物的制样。通过本实验达到以下要求：

（1）了解固体废物采样和制样的目的和意义；

（2）掌握固体废物的采样、制样的基本方法；

（3）根据固体废物的性质及分析需要，学会制定采样和制样的方案。

二、实验原理

固体废物是由多种物质组成的混合体，应根据固体废物的性质及实验分析要求进行采样和制样。

1. 份样数的确定

份样数是指由一批固体废物中的一个点或一个部位按规定量取出的样品个数。可由公式法或查表法确定。

当份样间的标准偏差和允许误差已知时，可按下列公式计算份样数：

$$n \geqslant (ts/\Delta)^{1/2}$$

式中　n——必要的份样数；

　　　s——份样间的标准偏差；

　　　Δ——采样允许误差；

　　　t——选定置信水平下的概率度。

取 $n \to \infty$ 时的 t 值作为最初 t 值，以此算出 n 的初值。将对应于 n 初值的 t 值代入，不断迭代，直至算得的 n 值不变，此值即为必要的份样值。

当份样间的标准偏差与允许误差未知时，可按表4-2至表4-4经验确定份样数。

表4-2　批量大小与最少份样数［单位：固体（t）；液体（kL）］

批量大小	最少份样数	批量大小	最少份样数
<1	5	≥100	30
≥1	10	≥500	40
≥5	15	≥1000	50
≥30	20	≥5000	60
≥50	25	≥10000	80

表4-3　储存容器数量与最少份样数

容器数量	最少份样数	容器数量	最少份样数
1～3	所有	344～517	7～8
4～64	4～5	730～1000	8～9
65～125	5～6	1001～1331	9～10
217～343	6～7		

表4-4　人口数量与生活垃圾分析用最少份样数

人口数量/万人	<50	50～100	100～200	>200
最少份样数	8	16	20	30

68

2. 份样量的确定

按表 4 - 5 确定每个份样应采的最小质量。所采的每个份样量应大致相等。其相对误差不大于 20% 。表中要求的采样铲容量为保证在一个地点或部分能够取到足够数量的份样量。

表 4 - 5　份样数和采样铲容量

最大粒度/mm	最少份样量/kg	采样铲容量/mL	最大粒度/mm	最少份样量/kg	采样铲容量/mL
>150	30		20 ~ 40	2	800
100 ~ 150	15	16 000	10 ~ 20	1	300
50 ~ 100	5	7 000	<10	0.5	125
40 ~ 50	3	1 700			

对于液态批废物的份样量以不小于 100 mL 的采样瓶（或采样器）所盛量为宜。

3. 采样技术

（1）简单随机采样。

当对一批废物了解很少，且采样的份样比较分散也不影响分析结果时，对其不作任何处理，不进行分类也不进行排队，而是按照其原来的状况从中随机采取份样。

（2）系统采样法。

在一批废物以运输带、管道等形式连续排放移动的过程中，按一定的质量或时间间隔采份样，份样间的间隔按下式计算：

$$T \leqslant Q/n \ 或 \ T' \leqslant 60Q/Gn$$

式中　T——采样质量间隔，t；

　　　T'——采样时间间隔，min；

　　　Q——批量，t；

　　　n——份样数；

　　　G——每小时排出量，t/h。

采第一份样时，不准在第一间隔的起点开始，可在第一间隔内任意确定。

（3）分层采样法。

一批废物分次排出或某生产工艺过程的废物间歇排出过程中，可分 n 层采样，根据每层的质量，按比例采取份样。

第 i 层采样份数按下式计算：

$$n_i = nQ_i/Q$$

式中　n_i——第 i 层采样份数；

　　　n——份样数；

　　　Q_i——第 i 层废物质量，t；

　　　Q——批量，t。

（4）两段采样法。

简单随机采样、系统采样、分层采样都是一次就直接从一批废物中采取份样，称为单阶段采样。当一批废物由许多车、桶、箱、袋等容器盛装时，由于各容器件比较分散，所以要分阶段采样。首先从该批废物总容器件数 N_0 中随机抽取 n_1 件容器，然后再从 n_1 件的每一个容器中采 n_2 个份样。

推荐当 $N_0 \leqslant 6$ 时，取 $n_1 = N_0$；当 $N_0 > 6$ 时，按下式计算：

$$n_1 \geqslant 3N_0^{1/3} \text{（取整）}$$

推荐第二阶段的采样数 $n_2 \geqslant 3$，即 n_1 件容器中的每个容器均随机采上中下最少 3 个份样。

（5）采点法。

对于堆存、运输中的固态固体废物和大池（坑、塘）中的液态固体废物，可按对角线形、梅花形、棋盘形、蛇形等点分布确定采样点（采样位置）。

对于粉末状、小颗粒的固体废物，可按垂直方向、一定深度的部位确定采样点（采样位置）。

对于容器内的固体废物，可按上部（表面下相当于总体积的 1/6 深处）、中部（表面下相当于总体积的 1/2 深处）、下部（表面下相当于总体积的 5/6 深处）确定采样点（采样位置）。

根据采样方式（简单随机采样、分层采样、系统采样、两段采样等）确定采样点（采样位置）。

4. 制样技术

制样的目的是从采取的小样或大样中获取最佳量、最有代表性、能满足实验和分析要求的样品。固体废物样品制备包括以下四个不同操作。

（1）粉碎。经破碎或研磨以减小样品的粒度。用机械方法或人工方法破碎或研磨，使样品分阶段达到相应排料的最大粒度。

（2）筛分。使样品保证 95% 以上处于某一粒度范围。根据粉碎阶段排料的最大粒度，选择相应的筛号，分阶段筛出一定粒度的样品。

（3）混合。使样品达到均匀。用机械设备或人工转堆法，使过筛的一定粒度范围的样品充分混合，以达均匀分布。

（4）缩分。将样品缩分成两份或多份，以减少样品的质量。样品的缩分可以采用圆锥四分法，即将样品置于平整、洁净的台面（地板）上，堆成圆锥形，每铲自圆锥的顶尖落下，使均匀地沿锥尖散落，注意勿使圆锥中心错位，反复转锥至少三次，使其充分混匀，然后将圆锥顶端轻轻压平，摊开物料后，用十字分样板自上压下，分成四等份，任取对角的两等份，重复操作数次，直至试样不少于 1 kg 为止。

液态废物制样主要为混匀、缩分。缩分采用二分法，每次减量一半直至实验分析用量的 10 倍为止。

三、仪器和材料

（1）尖头钢铲；

（2）尖头镐；

（3）采样铲（采样器）；

（4）具盖采样桶或内衬塑料的采样袋等。

四、实验步骤

（1）采样前准备。为了使采集的样品具有代表性，在采集之前要调查研究生产工艺过程、废物类型、排放数量、堆积历史、危害程度和综合利用情况。如采集有害废物则应根据其有害特性采取相应的安全措施。

（2）根据固体废物的特性确定采样份样数和份样量，安排采样方法及布设采样点。

（3）采样，同时认真填写采样记录表。

（4）根据需要制样，并填写制样记录表。

固体废物采样和制样记录表如表 4-6 和表 4-7 所示。

表 4-6　固体废物采样记录表

采样时间：　　年　　月　　日　采样地点：

样品名称		废物来源	
份样数		采样法	
份样量		采样人	
采样现场简述			
废物产生过程简述			
采样过程简述			
样品可能含有的主要有害成分			
样品保存方式及注意事项			

表 4-7　固体废物制样记录表

采样时间：　　年　　月　　日　采样地点：

样品名称		送样人	
样品量		制样人	
制样目的			
样品性状简述			
制样过程简述			
样品保存方式及注意事项			

五、思考题

（1）固体废物的制样方法有哪些？

（2）环境中固体废物的来源有哪些？

（3）如何确定固体废物的份样数和份样量？为什么份样量与粒度有关？

（4）固体废物采集后应该怎样处理才能保存？

（5）如何才能使采集的固体样品具有代表性？

实验 24　固体废物化学性质测定实验

一、实验目的

固体废物基本性质参数包括物理性质参数（含水率、容重）、化学性质参数（挥发分、灰分、可燃分、发热值、元素组成等）和生物性质参数。这些参数是评定固体废物性质、选择处理处置方法、设计处理处置设备等的重要依据，也是科研、实际生产中经常需要测量的参数，因此，需要掌握它们的测定方法。本实验主要测定挥发分、灰分、可燃分三个基本参数。

二、实验原理

1. 挥发分和灰分

挥发分又称挥发性固体含量，是指固体废物在 $600℃$ 下的灼烧减量，常用 V_s（%）表示。它是反映固体废物中有机物含量的一个指标参数。灰分是指固体废物中既不能燃烧，也不会挥发的物质，用 A（%）表示。它是反映固体废物中无机物含量的一个指标参数。挥发分和灰分一般同时测定。

2. 可燃分

把固体废物试样在 $815℃$ 的温度下灼烧，在此温度下，除了试样中有机物质均被氧化外，金属也成为氧化物，灼烧损失的质量就是试样中的可燃物含量，即可燃分。可燃分反映了固体废物中可燃烧成分的量，它既是反映固体废物中有机物含量的参数，也是反映固体废物可燃烧性能的指标参数，是选择焚烧设备的重要依据。

三、实验材料与仪器

1. 实验材料

实验所用固体废物可根据实际情况选用人工配制的固体废物，也可以是实际产生的固体废物。

2. 实验仪器

（1）马弗炉；
（2）电子天平；
（3）烘箱；
（4）坩埚。

四、实验步骤

1. 灰分和挥发分测定步骤

（1）准备 2 个坩埚，分别称取其质量，并记录下来；
（2）各取 20 g 烘干好的试样（绝对干燥），分别加入准备好的 2 个坩埚中（重复样）；
（3）将盛放有试样的坩埚放入马弗炉中，在 $600℃$ 下灼烧 2 h，然后取出冷却；
（4）分别称量并计算含灰量，最后结果取平均值。计算公式为：

$$A = \frac{R - C}{S - C} \times 100\%$$

式中　A——试样灰分含量，%；

　　　R——灼烧后坩埚和试样的总质量，g；

　　　S——灼烧前坩埚和试样的总质量，g；

　　　C——坩埚的质量，g。

（5）挥发分（V_S）计算：

$$V_S = （1 - A）\times 100\%$$

2. 可燃分

其分析步骤基本同挥发分的测定步骤，所不同的是灼烧温度。

（1）准备 2 个坩埚，分别称取其质量，并记录下来；

（2）各取 20 g 烘干好的试样（绝对干燥），分别加入准备好的 2 个坩埚中（重复样）；

（3）将盛放有试样的坩埚放入马弗炉中，在 815℃下灼烧 1 h，然后取出冷却；

（4）分别称量并计算含灰量，最后结果取平均值。

$$A' = \frac{R - C}{S - C} \times 100\%$$

式中　A'——试样灰分含量，%；

　　　R——灼烧后坩埚和试样的总质量，g；

　　　S——灼烧前坩埚和试样的总质量，g；

　　　C——坩埚的质量，g。

（5）可燃分 C_S（%）计算：

$$C_S = （1 - A'）\times 100\%$$

3. 填写记录表

根据上述实验，完成表 4-8。

表 4-8　固体废物基本性质参数测定结果

序号	测定参数	第一次	第二次	第三次	平均值	备注
1	灰分/%					
2	挥发分/%					
3	可燃分/%					

五、讨论

（1）固体废物灰分、挥发分和可燃分之间的关系。

（2）固体废物灰分、挥发分和可燃分测定的意义。

实验 25　堆肥实验（演示实验）

一、实验目的

堆肥化是有机废弃物无害化处理与资源化利用的重要方法之一。通过本实验，使学生了解影响堆肥化的因素，知道如何准备堆肥材料，如何进行堆肥过程控制和获取相关实验数据，以及如何判断堆肥的稳定化。

二、实验原理

堆肥化是指利用自然界中广泛存在的微生物，通过人为的调节和控制，促进可生物降解的有机物向稳定的腐殖质转化的生物化学过程。堆肥化的产物称为堆肥，但有时也把堆肥化简单地称作堆肥。

堆肥是一种有机肥料，所含营养物质比较丰富，且肥效长而稳定，同时有利于促进土壤固粒结构的形成，能增加土壤保水、保温、透气、保肥的能力，而且与化肥混合使用可弥补化肥所含养分单一导致的土壤板结，保水、保肥性能减退的缺陷。堆肥是利用各种植物残体（作物秸秆、杂草、树叶、泥炭、垃圾以及其他废弃物等）为主要原料，混合人畜粪尿经堆制腐解而成的有机肥料。由于它的堆制材料、堆制原理、肥分的组成及性质和厩肥相类似，所以又称人工厩肥。

在堆肥过程中，物料中有机物在好氧微生物作用下开始发酵，首先是易分解物质分解，产生 CO_2 和 H_2O，同时产生热量使温度上升。这时微生物吸取有机物中的碳、氮等营养成分，在合成细胞质自身繁殖的同时，将细胞中吸收的物质分解而产生热量，使发酵能进行高效率的分解。采用翻抛机进行翻抛的作用是使温度维持在最有利的反应温度范围，同时使堆肥产生的水分散失。一般来说，经过最少 7 天的平均温度保持在 55℃ 以上的发酵，大部分有机物已被降解。由于有机物的减少及代谢产物的累积，微生物的生长及有机物的分解速度减缓，发酵温度开始降低，此时有机质基本稳定。堆肥过程中氧的供给情况和发酵保温程度对堆肥的温度上升有很大影响，发酵周期为 12 ~ 15 d。

通过堆肥化处理，我们可以将有机物转变成有机肥料或土壤调节剂，实现废弃物的资源化转化，且这些堆肥的最终产物已经稳定化，对环境不会造成危害。因此，堆肥化是有机废弃物稳定化、资源化和无害化处理的有效方法之一。好氧堆肥的生化反应过程如图 4 - 1 所示。

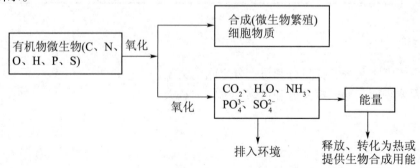

图 4 - 1　好氧堆肥的生化反应过程

三、实验仪器和材料

1. 实验材料

所用堆肥材料取自本校学生食堂的厨房垃圾,包括各种蔬菜、水果的根、茎、叶、皮、核等,以及少量剩饭、剩菜。此外,还需一些锯末,用于调节含水率和碳氮比。

2. 实验仪器

所用仪器为堆肥反应器(如图4-2所示),直径200 mm、高500 mm,有效工作体积15.7 L。由一台200 W气泵供气,带温度和氧传感器,可自动测量堆肥温度、进气和排气中O_2浓度,并与数据检测记录仪和计算机相连,实现温度和O_2浓度数据的自动记录分析。

图4-2 堆肥反应器

3. 测定内容

(1)初始和堆肥结束时,堆肥材料的含水率(M_C)、总固体(T_S)、挥发性固体(V_S)、碳氮比(C/N);

(2)堆肥过程中,堆肥材料的温度、进气和排气中O_2浓度。

4. 分析和记录仪器

烘箱、马弗炉、天平、TOC和TN测定仪、数据检测记录仪、计算机、便携式O_2/CO_2测定仪。

5. 实验时间

由于本实验需要延续较长的时间,并且在整个过程中都需要进行数据采集和分析,故把整个实验分成两个部分。第一个部分是垃圾的准备和装料;第二个部分是过程中和结束时的数据采集、检测和结果分析。

实验 26　垃圾焚烧（演示实验）

一、实验目的

了解焚烧炉工作原理及操作（焚烧炉装置见图 4 – 3）。

二、实验原理

垃圾焚烧是通过适当的热分解、燃烧、熔融等反应，使垃圾经过高温下的氧化进行减容，成为残渣或者熔融固体物质的过程。垃圾焚烧设施必须配有烟气处理设施，防止重金属、有机类污染物等再次排入环境介质中。回收垃圾焚烧产生的热量，如垃圾焚烧发电厂，可达到废物资源化的目的。

垃圾焚烧是一种较古老的、传统的、处理垃圾方法，由于垃圾用焚烧法处理后，减量化效果显著，节省用地，还可消灭各种病原体，将有毒有害物质转化为无害物，故垃圾焚烧法已成为城市垃圾处理的主要方法之一。现代的垃圾焚烧炉皆配有良好的烟尘净化装置，减轻对大气的污染。

图 4 – 3　焚烧炉装置

一般炉内温度控制在高于 850℃，焚烧后体积比原来可缩小 50% ～ 80%，分类收集的可燃性垃圾经焚烧处理后甚至可缩小 90%。焚烧处理与高温（1650 ～ 1800℃）热分解、融熔处理结合，可进一步减小体积。

本装置为可移动热解焚烧炉，适用于小型医院、血站、食品公司、屠宰场、兽医站、工矿企业等单位的动物肢体、生活废弃物、人体手术器官、化工有害废弃物的焚烧，该焚烧炉辅助能源是轻柴油。

可移动焚烧炉是以高温热解 – 焚烧的焚烧过程。废物首先在一燃室快速热解焚烧，但还有少量可燃气体、烟怠及气味没有充分燃烧掉和处理掉。这些少量的可燃气体、烟怠及气味在经过二燃室时又被高温焚烧，燃烧反应很快完成，抑制了焦油、烟怠等不完全燃烧物的产生，达到完全燃烧的目的。

三、运行操作

1. 运行前检查

运行前检查电源、电压、油箱油面是否正常，检查燃烧机工作是否正常可靠。

2. 加料

确定焚烧炉各部位工作正常后，启动引射风机，调节风机前阀门至炉膛微负压，然后启动一燃室燃烧器对一燃室进行预热，当温度达到 300℃ 左右时，关闭燃烧器，打开炉门进行加料，第一次加料时一般可加至炉膛容积三分之一处，若废物中高热值成分（如塑料、橡胶）比例过大，应适量减少。加料后关闭炉门。

3. 运行

（1）运行时首先启动引射风机及二燃室燃烧器，其次启动一燃室燃烧器进行点火，待废物点燃后，视一燃室燃烧及温度（温度不宜超过900℃）情况适时开、关一燃室燃烧器以达到节约燃油的目的，若焚烧动物尸体时，可适当加长一燃室燃烧器的工作时间，以达到快速焚烧的目的。

（2）在焚烧过程中，适时调节引射风机前的阀门，以焚烧炉在微负压运行状态为准（负压过大时，容易冒黑烟）。

（3）在焚烧过程中，加料时应少加、勤加，以达到快速焚烧效果，视燃烧情况适时翻动物料，使废物充分燃烧。

4. 除渣

在焚烧过程中，应视渣层厚度（＞120 mm）及时除渣，除渣前应停止加料，待物料燃尽后，关闭一、二燃室燃烧器，打开炉门进行除渣，除渣后加料继续焚烧。

5. 停炉

当焚烧工作完成需要停炉时，应待炉膛物料燃尽后，关闭一、二燃烧室燃烧器，待炉膛温度降至300℃以下时，关闭引射风机即可。

四、操作规程

（1）运行前应首先检查焚烧炉各部是否正常，燃烧器是否工作可靠。

（2）运行时应先开启引射风机及二燃室燃烧机，后开一燃室燃烧机，严禁相反操作。

（3）燃烧机必须使用清洁的燃油，定期清理油箱及油滤。

（4）燃烧机应定期检修保养。

（5）严禁高温（＞300℃）停炉。

第五部分　物理污染监测实验

实验27　声源的声级测量

一、实验目的

（1）通过实验，直观感受噪声级大小与听觉的关系，加深对噪声危害的认识；

（2）了解声级计的构造及其工作原理，掌握声级计的使用方法。

二、实验原理

声级计是最基本的噪声测量仪器，它是一种电子仪器，但又不同于电压表等客观电子表。它在把声信号转换成电信号时，可以模拟人耳对声波反应速度的时间特性，对高低频有不同灵敏度的频率特性以及不同响度时改变频率的强度特性。因此，声级计是一种主观性的电子仪器。

三、实验设备

（1）声级计（如图5-1所示）；

（2）噪声源；

（3）皮尺等。

图5-1　声级计

四、实验方法和实验要求

声级计使用正确与否，直接影响到测量结果的准确性。声级计的使用方法及注意事项如下：

（1）声级计使用环境应为有代表性的测试地点，声级计要离开地面，离开墙壁，以减少地面和墙壁的反射声的附加影响；

（2）天气条件要求在无雨无雪的时间，声级计应保持传声器膜片清洁，风力在三级以上必须加风罩（以避免风噪声干扰），五级以上大风应停止测量；

（3）打开声级计携带箱，取出声级计，套上传感器；

（4）将声级计置于A状态，检测电池，然后校准声级计；

（5）调节测量的量程；

（6）使用快（测量声压级变化较大的环境的瞬时值）、慢（测量声压级变化不大的环境中的平均值）、脉冲（测量脉冲声源）、滤波器（测量指定频段的声级）各种功能进行测量；

（7）根据需要记录数据，同时也可以连接打印机或者其他电脑终端进行自行采集，整理器材并放回指定地方；

（8）应进行背景噪声修正。测量中除了被测量声源产生的噪声外，还会有其他噪声（背景噪声或称本地噪声）存在。背景噪声会影响测量的准确性，需要加以修正。按背景噪声修正曲线进行修正或按表 5-1 进行修正。

表 5-1　背景噪声修正表

总的噪声级与背景噪声级之差/dB	3	4～5	6～9	≥10
从总的噪声级读数中减去的 dB 数/dB	3	2	1	0

由表 5-1 可知，若两者之差大于 10 dB，则背景噪声的影响可以忽略。但如果两者之差小于 3 dB，则表明所测声源的声级小于背景噪声声级，难以测准，应设法降低背景噪声后再测。

五、实验内容

（1）通过调节听觉实验装置的声级和频率大小，感受单一频率噪声的听觉印象。
（2）测量 1～2 个声源的 A 声级，并减去本地噪声的影响。
（3）测量并验证两个或者两个以上声源的声压级和总声压级的关系。
（4）针对同一声源分别测量 A、C 计权声级，大致判断该声源的频率特性。

六、实验报告要求

根据实验测量记录，按实验内容分步编写实验报告。
（1）绘制测量示意图，标明测量仪器与声源的位置关系，写出本地噪声修正的过程；
（2）验证两个或两个以上声源的声压级和总声压级的关系是否符合理论计算，如有误差，分析其原因；
（3）对同一声源分别进行 A、C 计权声级实测比较，分析差异性。

实验 28　电磁辐射的测定

一、实验目的和要求

（1）掌握测定学生宿舍电脑电磁辐射环境监测的方法；
（2）掌握电磁辐射检测仪的使用。

二、实验仪器

（1）低频、高频电磁场辐射检测仪（见图 5-2、图 5-3）。

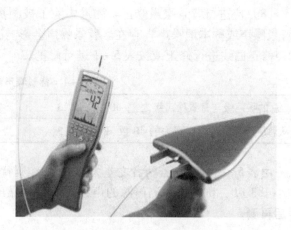

图 5 – 2　低频电磁场辐射检测仪　　　　　　图 5 – 3　高频电磁场辐射检测仪

（2）学生宿舍（以四人间为例）或一间与学生宿舍面积相近的实验室。

（3）宿舍内常用电器，如电脑、手机等。

三、实验步骤

1. 布点

布设 5 个监测点，其距离地面垂直高度 1.2 m，水平位置分别为：①房间正中央；②同一水平高度，以房间正中央位置为圆心，1.5～2 m 为半径的圆周上等距分布的 4 点。此 5 个点与实验室内任一台电脑距离 0.5 m 以上，从而使监测值为环境电磁波强度，而不是近距离接触辐射源的辐射强度。5 个监测点的位置见图 5 – 4。

2. 监测

打开 4 台电脑、手机等电子产品，1 h 后测定 5 个监测点的电磁辐射强度。

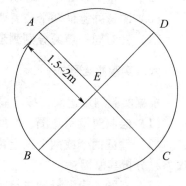

图 5 – 4　5 个监测点位置

四、数据处理

1. 评价量

记录 5 个监测点的电场强度测量值（V/m），计算平均值，作为环境电磁辐射强度。

2. 评价标准

按照《环境电磁波卫生标准》（GB 9175—1988）进行评价。根据标准，学生宿舍属安全区，需按一级标准进行评价。所测电脑电磁辐射频率范围涵盖了长波、中波、短波、超短波、微波，属于标准中的混合波段，其综合电场强度标准限值由复合场强加权确定，为 5～10 V/m 之间。

五、注意事项

（1）电磁辐射检测仪有很多品种，凡是用于 EMC（电磁兼容）、EMI（电磁干扰）目的的测试接收机都可用于环境电磁辐射监测。

80

（2）学生宿舍环境电磁辐射源不仅仅是电脑，还有与学生长时间、近距离接触的电器如床头台灯、床头电子闹钟等。因此如果仅在实验室内测量模拟环境内的电磁辐射强度，不能完全判断长期处于宿舍环境中的大学生群体是否受到了电磁辐射的危害。

实验 29　氡的测定

氡（Rn）具有放射性，且会对人体健康造成损害。特别是近些年来，氡已成为继甲醛后第二大装修污染物，具有致癌性（主要是肺癌）。因此测定室内氡的含量就显得很有必要。

一、实验目的

（1）了解氡测定的基本原理，掌握测定室内氡含量的基本方法；
（2）掌握 FD216 型环境氡测量仪设计原理及使用方法；
（3）通过实验，了解氡对人类健康的危害。

二、设备与材料

RAD – 7 型环境氡测量仪（见图 5 – 5）。

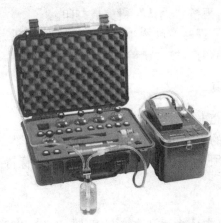

图 5 – 5　RAD – 7 型环境氡测量仪

三、实验原理

RAD – 7 型环境氡测量仪以闪烁室法为基础，用气泵将含氡的空气经干燥塔滤器吸入闪烁室，氡及其子体发射的 α 粒子使闪烁室内的 ZnS（Ag）柱状体产生闪光，光电倍增管再把这种光讯号变成电脉冲，由单片机构成的控制测量电路，把探测器输出的氡脉冲放大、整形，进行定时计数，单位时间内的脉冲数与氡浓度成正比，从而确定空气中氡的浓度。

四、采样条件

（1）采样要在密闭条件下进行，外面的门窗必须关闭，正常出入时门窗打开时间不能超过十分钟。

（2）采样期间内外空气调节系统（吊扇和窗户上的风扇）要停止运行。

（3）在采样期间内采样器不被扰动。

（4）采样点不要设在由于加热、空调、火炉、门、窗等引起的空气变化较剧烈的地方。

（5）进气口距地面 1.5 m 左右，且与出气口高度差要大于 50 cm，并在不同方向上。

五、操作方法

（1）开启仪器：按下仪器面板右侧红色开关键开启仪器，显示屏显示"初始化"和"功能选择"后，对机器进行预热，一般情况下预热 30 min，然后进行测量。

（2）设置时间，测量前输入时间，以便测量过程中对数据进行准确记录。

（3）"本底"和"系数"的测量和输入：按"本底"键，显示"本底：××"，依次按"上挡"和本底值的数字键，再按"输入"键。输入本底值后显示"系数：××××.××"，再按"上挡"键并输入系数值。

（4）检查"系数"和"预置"两键各参数设置：空气系数：0.78；充气时间：10 min；测量时间：20 min；排气时间：1 min。

（5）选择"点测"或"连测"键进行测量。在"功能选择"状态下，按"打印"键"上挡"键输入测量点号，再按"确认"键完成打印。

（6）当测量时间发生错误时，可按"复位"键重置时间。

（7）需要进行重复实验时，按"清除"键即可返回功能菜单进行重新设置。

六、仪器使用注意事项

（1）正确对仪器进行充电。

（2）测氡仪面板上面的进气孔和排气孔应畅通。

（3）测量结束后，必须及时用氮气体清洗闪烁瓶，以保持"本底"状态。

七、相关标准

（1）《民用建筑工程室内环境污染物控制规范》（GB 50325—2010）规定的污染物浓度限量见表 5-2。

表 5-2　民用建筑工程室内环境污染物浓度限量

污染物	Ⅰ类民用建筑工程	Ⅱ类民用建筑工程
氡（Bq/m³）	≤200	≤400

注：Ⅰ类民用建筑工程：住宅、办公楼、医院病房、老年建筑、幼儿园、学校教室等建筑工程；

Ⅱ类民用建筑工程：旅店、文化娱乐场所、书店、图书馆、展览馆、体育馆、商场（店）、公共交通工具等候室、医院候诊室、饭馆、理发店等公共建筑。

（2）《住房内氡浓度控制标准》（GB/T 16146—1995）中对住房内氡浓度有更具体的规定：

对已建住房，可考虑采取简单补救行动来控制氡及其子体照射，使住房内的平衡当量氡浓度年平均值不超过 200 Bq/m³；

对新建住房，应在设计和建造时加以控制，使住房内的平衡当量氡浓度年平均值不超过 100 Bq/m³。

实验 30 水体热污染对金鱼行为的影响实验

工业冷却水是水体热污染的主要热源，过量的废热直排到水环境中，不仅造成水体缺氧，加重水体污染，影响鱼类生存，还将影响藻类及微生物的群落更替，破坏食物链，进而使整个水体生态系统崩溃。

一、实验目的

（1）研究水体热污染对不同种类的金鱼行为的影响；
（2）研究不同水温增加进程对金鱼行为的影响。

二、实验原理

鱼类是变温动物，不具备调节体温以适应环境中温度变化的机能，因此鱼类的行为与温度有着密切的关系。水温的变化能够影响鱼类体内酶的活性，进而影响鱼类的行为。水温对鱼类的影响不仅与鱼的品种有关，还与水温增加进程有关。

三、材料与方法

1. 材料
大金鱼，平均 12 g，体长 10～12 cm；
小金鱼，平均 1.4 g，体长 4～5 cm；
恒温水箱；
金鱼饲料。
2. 材料处理
放金鱼于 2 L 容量的恒温水箱中，适应饲养 3 天，室温 18～21℃，每天换一次水，3 天后选择规格相近、生长良好的金鱼进行实验。分两组：大金鱼每组 3 条，小金鱼每组 6 条，分别设重复组。

四、实验步骤

大、小金鱼分别进行实验，共分 3 个组别，其中第 1、第 2 组进行如下操作：①室温下饲养；②每隔 5 min 升高 1℃水温，并投喂少量饲料；③出现抑制食饵后每隔 10 min 升高 1℃水温；④失去平衡后每隔 15 min 升高 1℃水温。第 3 组实验步骤：①室温下饲养；②每隔 10 min 升高 1℃水温；③出现抑制食饵后，每隔 20 min 升高 1℃水温；④失去平衡后，每隔 30 min 升高 1℃水温。

五、实验记录

观察抑制食饵、游动异常、失去平衡及死亡四项指标并记录温度。

第六部分　环境微生物学实验

实验 31　显微镜的使用及微生物基本形态的观察

一、实验目的

（1）了解普通光学显微镜的基本构造和工作原理；

（2）学习并掌握普通光学显微镜，重点是油镜的使用技术和维护知识；

（3）在油镜下观察细菌、酵母、放线菌的基本形态并绘图；

（4）采用悬滴法在高倍镜下观察细菌运动。

Ⅰ．显微镜的使用

17 世纪荷兰人列文胡克制造了第一台显微镜，首次把微生物世界展现在人类面前，得以观察微生物的形态、大小等基本特性。显微镜的问世对微生物学的奠基和发展起到了不可估量的作用。随着科学技术的发展，显微镜的种类越来越多，有普通的光学显微镜、相差显微镜、荧光显微镜、暗视野显微镜及电子显微镜和原子力显微镜。微生物学实验中最常用的是普通光学显微镜。

一、显微镜的基本结构

现代普通光学显微镜利用目镜和物镜两组透镜来放大成像，故又常被称为复式显微镜。它们由机械系统和光学系统两大部分组成（见图 6 - 1 ～ 图6 - 3）。

1. 机械系统

机械系统包括镜座、镜臂、镜筒、物镜转换器、载物台、调节器等。

2. 光学系统

光学系统包括目镜、物镜、聚光器、反光镜等。

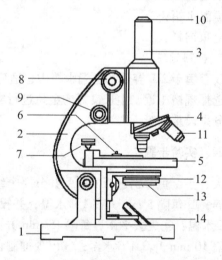

图 6 - 1　普通光学显微镜的构造

1—镜座；2—镜臂；3—镜筒；4—转换器；5—载物台；6—压片夹；7—标本移动器；8—粗调螺旋；9—细调螺旋；10—目镜；11—物镜；12—虹彩光阑（光圈）；13—聚光器；14—反光镜

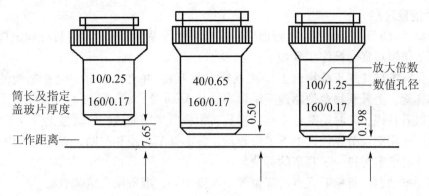

图6-2 XSP-I6型显微镜物镜的主要参数

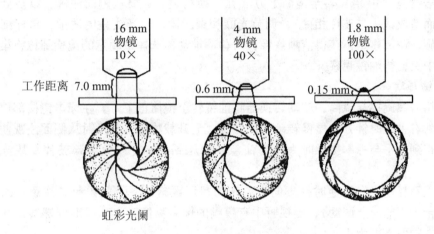

图6-3 物镜焦距、工作距离与光圈孔径之间的关系

三、操作步骤

1. 取镜

显微镜是光学精密仪器,使用时应特别小心。从镜箱中取出时,一手握镜臂,一手托镜座,放在实验台上。使用前首先要熟悉显微镜的结构和性能,检查各部零件是否完全合用,镜身有无尘土,镜头是否清洁。做好必要的清洁和调整工作。

2. 调节光源

①将低倍物镜旋到镜筒下方,旋转粗调螺旋,使镜头和载物台距离约为0.5 cm。

②上升聚光器,使之与载物台表面相距1 mm左右。

③左眼看目镜调节反光镜镜面角度(在天然的光线下观察,一般用平面反光镜;若以灯光为光源,则一般用凹面反光镜)。开闭光圈,调节光线强弱,直至视野内得到最均匀最适宜的照明为止。

一般来说,染色标本用油镜观察时,光度宜强,可将光圈开大,聚光器上升到最高,反光镜调至最强;未染色标本用低倍镜或高倍镜观察时,应适当地缩小光圈,下降聚光器,调节反光镜,使光度减弱,否则光线过强不易观察。

3. 低倍镜观察

低倍物镜（8 倍或 10 倍）视野面广，焦点深度较深，为易于发现目标确定检查位置，故应先用低倍镜观察。操作步骤如下：

①先将标本玻片置于载物台上（注意标本朝上），并将标本部位处于物镜的正下方、转动粗调螺旋，上升载物台使物镜至距标本约 0.5 cm 处。

②左眼看目镜，同时逆时针方向慢慢旋转粗调节螺旋使载物台缓慢上升，至视野内出现物像后，改用细调节螺旋，上下微微转动，仔细调节焦距和照明，直至视野内获得清晰的物像，及时确定需进一步观察的部位。

③移动推动器。将所要观察的部位置于视野中心，准备换高倍镜观察。

4. 高倍镜观察

将高倍物镜（40 倍）转至镜筒下方（在转换物镜时，要从侧面注视，以防低倍镜未对好焦距而造成镜头与玻片相撞），调节光圈和聚光镜，使光线亮度适中，再仔细反复转动微调螺旋，调节焦距，获得清晰物像，再移动推动器选择最满意的镜检部位将染色标本移至视野中央，待油镜观察。

5. 油镜观察

①用粗调螺旋提起镜筒，转动转换器将油镜转至镜筒正下方。在标本镜检部位滴上一滴香柏油。右手顺时针方向慢慢转动粗调螺旋，上升载物台，并及时从侧面注视使油镜浸入油中，直到几乎与标本接触时为止（注意切勿压到标本，以免压碎玻片，甚至损坏油镜头）。

②左眼看目镜，右手逆时针方向微微转动粗调螺旋，下降载物台（注意：此时只准下降载物台，不能向上调动），当视野中有模糊的标本物像时，改用细调螺旋，并移动标本直至标本物像清晰为止。

③如果向上转动粗调螺旋已使镜头离开油滴又尚未发现标本时，可重新按上述步骤操作直到看清物像为止。

④观察完毕，下降载物台，取下标本片。先用擦镜纸擦去镜头上的油，然后再用擦镜纸沾少量二甲苯擦去镜头上残留油迹，最后再用擦镜纸擦去残留的二甲苯。切忌用手或其他纸擦镜头，以免损坏镜头，可用绸布擦净显微镜的金属部件。

⑤将各部分还原，反光镜垂直于镜座，将接物镜转成八字形，再向下旋。罩上镜套，然后放回镜箱中。

Ⅱ. 细菌、放线菌和酵母菌个体形态的观察

一、仪器和材料

（1）显微镜、擦镜纸、香柏油或液体石蜡、二甲苯；

（2）示范片：大肠杆菌（杆状）、小球菌（球状）、硫酸盐还原菌（弧形）、枯草芽孢杆菌、放线菌、酵母等。

二、试验内容和操作方法

（1）严格按照光学显微镜操作方法，依低倍、高倍和油镜的次序观察杆状、球状、

弧状和丝状的细菌示范片，用铅笔分别绘出各种细菌的形态图。

（2）同法逐个观察放线杆菌的示范片，分别绘出其形态图（见图6-4、图6-5）。

（3）同法逐个观察酵母菌的示范片，分别绘出其形态图。

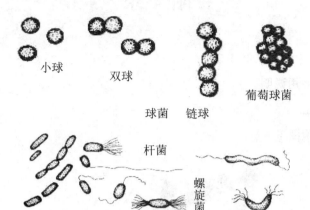

图6-4　几种细菌形态示意图

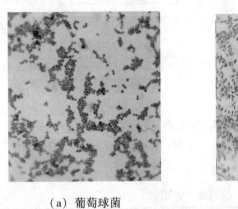 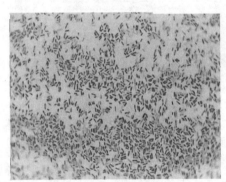

（a）葡萄球菌　　　　　　　　　　（b）大肠杆菌

 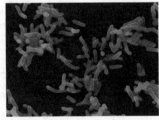 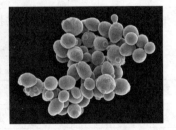

（c）枯草芽孢杆菌　　　（d）放线杆菌　　　（e）酵母菌图

图6-5　几种细菌形态 SEM 图

附 录

一、部分仪器使用说明

（一）pH 电位计

其外形结构见附图 1。

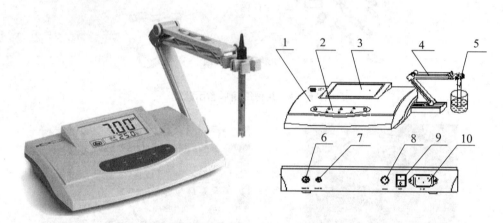

附图 1　仪器外形结构

1—机箱；2—键盘；3—显示屏；4—多功能电极架；5—电极；6—测量电极插座；7—参比电极接口；
8—保险丝；9—电源开关；10—电源插

附表 1　仪器键盘说明

按键	功　　能
pH/mV	pH、mV 测量模式转换
温度	对温度进行手动设置，自动温度补偿时此键不起作用
标定	对 pH 进行二点标定工作
△	此键为数值上升键，按此键为调节数值上升
▽	此键为数值下降键，按此键为调节数值下降
确认	按此键为确认上一步操作

1. 仪器校准

①插上电源，按住"Cal/开关"键 1.5 s 至 pH 电位计开机；

②将 pH 电极插入 pH 电位计后面接电极插孔，将电极在纯水中搅动洗净并甩干；

③用温度计测量缓冲溶液的温度，然后按"△"或"▽"键将仪器液晶屏显示的温度值调整准确。

④定位校正。将pH电位计电极浸入pH为6.86的缓冲溶液中，稍加搅动后静止放置十几秒钟，待显示值稳定后，按住"Cal/开关"键数秒钟，当液晶屏显示"Cal"符号时放开，此时显示闪烁的6.86，数秒钟后，液晶屏显示"End"符号和稳定的pH校准数值。

⑤斜率Ⅰ校正：取出pH电位计电极，用纯水洗净并甩干，再将pH电位计电极浸入pH为4.00的缓冲溶液中，接着按步骤④操作。

⑥斜率Ⅱ校正：取出pH电位计电极，用纯水洗净并甩干，再将pH电位计电极浸入pH为9.18的缓冲溶液中，接着按步骤④操作。

2. 测定

用温度计测量待测液的温度，然后按"△"或"▽"键将仪器的温度值调整准确。然后将pH电位计电极用蒸馏水洗净并甩干后浸入被测液中，稍加搅动后静止放置，待显示值稳定后读数，即为所测的pH值。

（二）电导率仪

其外形结构见附图2。

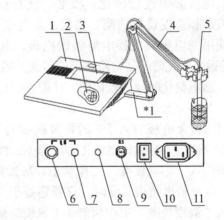

附图2　仪器外形

1—机箱；＊1—多功能电极架固定座；2—键盘；3—显示屏；4—多功能电极架；5—电导电极；6—测量电极插座；7—接地接口；8—温度电极插座；9—保险丝（0.5A）；10—电源开关；11—电源插座

附表2　仪器键盘说明

按键	功　能
CAL 旋钮	校准电极常数
RANGE 旋钮	选择测量的量程
SELECT 旋钮	选择校准"CAL"或测量"MEAS"

（1）接通电导率仪电源，预热30 min；

（2）校准仪器。

将"量程"开关调到"检查"位，"常数"旋钮指向"1"刻度线，"温度"旋钮指向"25"度线，调节"校准"旋钮，使仪器显示 100.0 μS/cm；

（3）测量：

①调节"常数"旋钮，使仪器显示值与电极所标数值一致。例如：电极常数为 0.967，则调节"常数"旋钮，使仪器显示为 96.7。

②调节"温度"旋钮，使其指向待测液的实验温度值。此时，测量得到的将是待测溶液经过温度补偿后折算为 25℃ 下的电导率值。

③将"量程"旋钮调至合适位置，将电极放入待测液中。测量过程中，如果未见显示值，说明测量超出量程范围，应切换"量程"开关至上一挡。

④被测液的电导率 = 显示读数 × 电极常数。

（三）JPB－607A 型便携式溶解氧测定仪操作说明

其外形见附图 3。

将电极插头插入仪器插口内，校准仪器，进行测量。

1. 校准

在溶解氧浓度测量前，为了获得准确的测量结果，溶解氧电极必须进行极化、校准。仪器具有零氧校准、满度校准和盐度设置功能。极化：新电极、24 h 以上不进行使用的电极或更换电解液的电极，电极需 30 ～ 60 min 的通电极化时间，电极离开仪器或关机 1h 内需要 5 ～ 25 min 通电极化时间，极化后，才能进行校准。

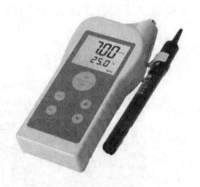

附图 3　JPB－607A 便携式溶解氧测定仪

（1）零氧校准。

将溶解氧电极放入 5% 的新鲜配制的亚硫酸钠溶液中，在仪器处于溶解氧测量工作状态下，按"模式"键，仪器即进入"零氧校准"工作状态，待读数稳定后，按"确定"键，储存电极当前的零氧值，零氧校准结束。此时，仪器还处于"零氧校准"工作状态，再按"模式"键，仪器进入"满度校准"工作状态。零氧校准显示界面如下：

$$\boxed{\begin{array}{l} \textbf{0.0 mg/L} \\ \textbf{25.0℃} \\ \text{ZERO} \end{array}}$$

注意：在零氧校准时仪器显示"E1"，说明零氧电流太大。请检查电极是否正确放入零氧溶液内。

（2）满度校准。

把溶解氧电极从溶液中取出，用水冲洗干净，用滤纸小心吸干薄膜表面的水分，并放入盛有蒸馏水的容器（如锥形瓶、高脚烧杯）中靠近水面空气上或者放入空气中，但电极表面不能沾上水滴，在仪器处于"零氧校准"工作状态下，按"模式"键，仪器即进入"满度校准"工作状态，待读数稳定后，按"确定"键，储存电极当前的满度值，满度校准结束。此时，仪器还处于"满度校准"工作状态，再按"模式"键，仪器进入"盐度设置"工作状态。满度校准显示界面如下：

90

```
6.8 mg/L
25.0℃
FULL
```

注意：在零氧校准时仪器显示"E2"，说明零氧电流太小。请检查电极薄膜表面是否有水珠，其次检查电极的内溶液是否充足。

（3）盐度设置。

溶解氧值与盐度值有关，仪器内部预设的盐度值为 0.0 g/L，测量前应选择合适的盐度值（注意：一般情况下不需要进行盐度校准，仪器预设值为 0.0 g/L）。

在仪器处于"满度校准"工作状态下，按"模式"键，仪器即进入"盐度设置"工作状态。此时仪器显示当前设置的盐度值，可以按"▲"键或"▼"键修改盐度值，修改为实际盐度值后，按"确定"键，储存仪器修改后的盐度值，则完成盐度设置。此时，仪器还处于"盐度设置"工作状态。再按"模式"键，仪器进入"溶解氧浓度测量"工作状态。盐度设置显示界面如下：

```
0.0 g/L
SALT
```

2. 测量

仪器完成上述零氧校准、满度校准后，将电极浸入被测溶液中，此时仪器的读数即为被测水样的溶解氧值。

氧在不同温度和氯化物浓度的水中饱和含氧量（气压 101.3kPa）见附表 3。

附表 3　氧在不同温度和氯化物浓度的水中饱和含氧量（气压 101.3kPa）

温度/℃	c_S/（mg·L^{-1}）	Δc_S/（mg·L^{-1}）	温度/℃	c_S/（mg·L^{-1}）	Δc_S/（mg·L^{-1}）
0	14.64	0.0925	11	11.01	0.0633
1	14.22	0.0890	12	10.77	0.0614
2	13.82	0.0857	13	10.53	0.0595
3	13.44	0.0827	14	10.30	0.0577
4	13.09	0.0798	15	10.08	0.0559
5	12.74	0.0771	16	9.86	0.0543
6	12.42	0.0075	17	9.66	0.0527
7	12.11	0.0720	18	9.46	0.0511
8	11.81	0.0697	19	9.27	0.0496
9	11.53	0.0675	20	9.08	0.0491
10	11.26	0.0653	21	8.90	0.0467

温度/℃	c_S/（mg·L^{-1}）	Δc_S/（mg·L^{-1}）	温度/℃	c_S/（mg·L^{-1}）	Δc_S/（mg·L^{-1}）
22	8.73	0.0453	31	7.43	
23	8.57	0.0440	32	7.30	
24	8.41	0.0427	33	7.18	
25	8.25	0.0415	34	7.07	
26	8.11	0.0404	35	6.95	
27	7.96	0.0393	36	6.84	
28	7.82	0.0382	37	6.73	
29	7.69	0.0372	38	6.63	
30	7.56	0.0302	39	6.53	

①表中的栏 2 是氧溶解氧度（c_S）。以每升水含若干毫克氧来表示：在 101.3kPa 压力下，纯水中含有带饱和水蒸气的空气时，含氧量为 20.94（体积分数）。

②氧在水中的溶解度随含盐度的增加而降低，其关系是线性关系，实际上水的含盐量可高达 35 g/L，含盐量以每升水中含多少克盐表示，即表中所列的 Δc_S，是进行校准时每升每克盐浓度要减去的数值。因此，氧在含有 mg/L 盐水中的溶解度，要用对应的纯水的溶解度减去 $n\Delta c_S$ 的数值便可求得。

（四）哈希 2100 浊度仪

其外形如附图 4 所示。

附图 4　哈希 2100 浊度仪

附表 4　按键说明

	按　键	说　明	备　注
1	I/O	开关	5.5 min 内没有键被按过则自动关机
2	READ	读数键	3 个数平均值
3	CAL	校正键	
4	↑	校正时用于改标准溶液顺序（S0，S1，S2，S3）	
5	→	校正时用于改标准溶液的数值	
6	SIGNAL　AVERAGE	读数取平均	10 个数平均
7	DIAG	选自检方式	
8	RANGE	选自动范围和手动范围	

1. 校准浊度仪

（1）校正标液：

标液：20 NTU，100 NTU，800 NTU 和稀释水（小于 0.1 NTU）。如用已配好的标准液操作如下：

①将装有标准液的瓶用力摇 2～3 min（小于 0.1NTU 的标样不需摇）。

②静置 5 min。

（2）校正仪器：

①按 I/O 开机。

②将小于 0.1 NTU 的标准液放入样品室中，关上盖。

③按"CAL"键，"S0"出现，按"→"显示"0.0"。

④按"READ"键，开始校正。倒数 60～0。（如 SIG AVG 启用倒数 67～0）

⑤"S1"出现，显示"20.0"，将 20 NTU 标准液放入样品室中，关上盖。

⑥按"READ"键，开始校正。倒数 60～0。（如 SIG AVG 启用倒数 67～0）

⑦"S2"出现，显示"100.0"。将 100 NTU 标准液放入样品室中，关上盖。

⑧按"READ"键，开始校正。倒数 60～0。（如 SIG AVG 启用倒数 67～0）

⑨"S3"出现，显示"800.0"。将 800 NTU 标准液放入样品室中，关上盖。

⑩按"READ"键，开始校正。倒数 60～0，（如 SIG AVG 启用倒数 67～0）完毕出现"S0"。

如无差错，按"CAL"键接收校正数据。仪器自动回到测量状态。

2. 测定

（1）取水样注入样品池中至刻度线。

（2）用纸巾将样品池擦净。

（3）在池表面滴一两滴硅油，用布涂抹均匀。（新样品池不用）

（4）按 I/O 开机。

（5）将样品池放入样品室中（"◇"与样品室内标线对齐）。

（6）按"RANGE"键使 Auto RNG 灯亮。

（7）按"SINGNAL AVERAGE"键使"SIG AVG"灯亮。

（8）按"READ"键读数。

（五）GDYK－206S 甲醛测定仪

其外形见附图 5。

1. 采样

（1）仪器支架安装。

打开铝合金携带箱，取出铝合金三脚架和甲醛测定仪，将甲醛测定仪固定在铝合金三脚架上。通过三脚架上的旋钮调节甲醛测定仪距离地面的高度在 0.5～1.5 m 之间。

将气泡吸收管支撑架挂在甲醛测定仪进气口和出气口的不锈钢管上，再将气泡吸收管插入支撑架中，用胶管连接气泡吸收管出气口和甲醛测定仪的进气口（甲醛测定仪后排为进气口，前排为出气口），使连接处不漏气。

附图 5 GDYK－206S 甲醛测定仪

（2）吸收瓶准备。

取出带 5 mL 刻度线的吸收瓶，用塑料滴管加水至 5 mL 处刻度线。

取一支甲醛吸收剂（粉末状），用剪刀剪开甲醛吸收剂（粉末状）管的封口，将试剂管插入带刻度线的吸收瓶的溶液中，反复捏压试剂管（大肚端）底部，使试剂管中固体试剂全部转移到带刻度线的吸收瓶中，用硅橡胶塞塞紧瓶口，摇动，使固体试剂全部溶解混匀。

（3）采样。

将带 5 mL 刻度线的吸收瓶插到气泡吸收管上，然后用弹簧夹将连接处夹紧，防止漏气。

打开甲醛测定仪左侧的电源开关，校正指示灯，液晶显示为"－－"。

按"采样"键开始采样，同时在液晶屏上实时显示采样量。调节甲醛测定仪右下方旋钮使校正指示灯窗内黑色球浮子位于上下两条刻线之间，然后锁定旋钮。采样结束时，仪器发出鸣叫声，并且自动停止采样。

2. 检测

（1）显色反应。

采样停机后，取下弹簧夹，并且从气泡吸收管上取下带 5 mL 刻度线的吸收瓶。若气泡吸收管磨口处内侧存有液体时，用带 5 mL 刻度线的吸收瓶端口与磨口接触，将液体引流到吸收瓶中。

用手握住带 5 mL 刻度线的吸收瓶，靠体温加热 7 min。

然后加入甲醛显色剂（液体状）一支，用硅橡胶塞塞紧吸收瓶瓶口，摇匀。用手握住带 5 mL 刻度线的吸收瓶，靠体温加热 5 min。

（2）空白试验。

在采样停机后，同时制作空白溶液。在另一支带刻度线的吸收瓶加入甲醛吸收剂一支，用水稀释至 5 mL 刻度线，用硅橡胶塞塞紧吸收瓶（防止溶液溢出），摇匀。用手握住带 5 mL 刻度线的吸收瓶，靠体温加热 7 min。

然后加入甲醛显色剂一支，用硅橡胶塞塞紧吸收瓶瓶口，摇匀。用手握住带 5 mL 刻度线的吸收瓶，靠体温加热 5 min。

加热 5 min 结束后，分别取下硅橡胶塞，将其中溶液分别倒入空白比色瓶（蓝色刻度线比色瓶）和样品比色瓶（白色刻度线比色瓶）中，旋紧比色瓶定位器，用比色瓶清洗布擦净空白瓶和样品比色瓶外壁。

（3）空白调零。

将装有空白溶液的比色瓶放入甲醛测定仪，在左上方比色槽中锁定，按"调零"键，待主机显示"0.00"后，即表示校零完成。

（4）样品测量。

取下装有空白溶液的比色瓶，将装有样品溶液的比色瓶放入甲醛测定仪比色槽中锁定，然后按"浓度"键，仪器液晶显示浓度值即为空气中甲醛的浓度（mg/m³）。

采用快速法时液晶显示结果即为空气中甲醛浓度（mg/m³）。

二、精密仪器介绍

1. 超纯水系统

型号：Millipore

产地：美国

主要应用：

生产适用于色谱仪、质谱仪、TOC 分析仪等的精密

仪器用水，以及高精密光学镜片冲洗、分析试剂及药品

的配置、稀释用水等。由于应用了可以通过微弱电流不断再生离子交换树脂的 Elix 技术，

成功地降低了超纯水系统的维护和运营成本。

2. 原子吸收光谱仪（AAS）

型号：ICE3500

产地：上海

主要应用：

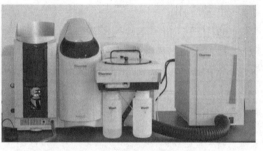

仪器从光源辐射出具有待测元素特征谱

线的光，通过试样蒸气时被蒸气中待测元素

基态原子所吸收，由辐射特征谱线光被减弱

的程度来测定试样中待测元素的含量。

原子吸收光谱仪可测定多种元素，火焰

原子吸收光谱法可测到 10^{-9} g/mL 数量级，石墨炉原子吸收法可测到 10^{-13} g/mL 数量级。

其氢化物发生器可对 8 种挥发性元素汞、砷、铅、硒、锡、碲、锑、锗进行微痕量测定。

3. 荧光显微镜

型号：Eclipse 90i

产地：日本

主要应用：

以紫外线为光源，用以照射被检物体并使之发出荧光，

观察其中荧光显色成分的分布状态，可进行半定量测定。

本设备通过 DS 系列数码相机，可实现明视场自动聚焦成

像，同时可自动保存显微镜状态参数（如物镜倍率、荧光

滤块、DIH 数码头的缩放倍率等）。

4. 等离子发射光谱仪（ICP – AES）

型号：Perkinelmer

产地：美国

主要应用：

应用于金属、合金材料、生化、环境、石油化

工、矿物、食品等的痕量和微量样品分析，如贵金

属首饰、合金材料中痕量和微量元素样品分析检

测。可同时测定多种元素。

5. 原子荧光光度计

型号：吉天 AFS – 830

产地：中国

主要应用：

食品卫生、临床、化妆品、城市给排水、农业及其产品、药品、环境样品、地质冶金样品等的 As、Sb、Bi、Hg、Ge、Pb、Sn、Se、Te、Zn、Cd 元素检测。

6. 气相色谱仪（GC）

型号：GC – 2010AF

产地：日本

主要应用：

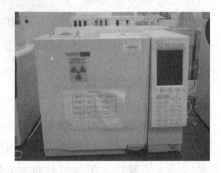

适用于分析具有一定蒸气压且热稳定性好的组分，对气体试样和受热易挥发的有机物可直接进行分析。设备使用电子式流量控制器 AFC，可在快速分析所要求的高压、高流量领域高精度地控制载气；气化室实现最优化可得到良好的重现性；适应窄径毛细柱的快速分析，有效降低分析成本。

7. 气质联用仪（GC – MS）

型号：7890A – 5975C

产地：美国

主要应用：

气质联用仪是指将气相色谱仪和质谱仪联合起来使用的仪器。广泛应用于复杂组分的分离与鉴定，如挥发有机物质（沸点 < 300℃）的定性、定量分析。设备采用整体惰性高温离子源，最高可达 300℃，适合高沸点化合物的分析；使用微量离子检测（TID）技术，提高复杂样品中微量样品的检测灵敏度和可靠性；配置微板流控技术可以进行多信号数据采集。

8. 高效液相色谱仪（HPLC）

型号：LC – 20A

产地：日本

主要应用：

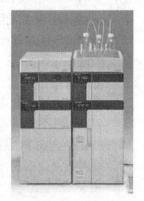

液相色谱仪是利用混合物在液 – 固或不互溶的两种液体之间分配比的差异，对混合物进行先分离而后分析鉴定的仪器。适用于高沸点、热稳定性差、高分子量、不同极性等有机化合物的分离分析。本机配二阵管阵列紫外检测器，适用于对可见光及紫外光有吸收的物质的检测，是科研实验中常用的分析检测仪器。具有高度对应网络要求的综合管理系统、一元化管理数据与装置，实现了分析的高效率。

9. 液质联用仪（LC – MS）

型号：Agilent 1200 – 6410B

产地：美国

主要应用：

液相色谱技术和质谱技术的联合应用。主要应用于药物代谢及药物动力学研究、临床药理学研究、天然药物（中草药等）开发研究、新生儿筛选、蛋白与肽类的鉴定、残留分析、毒物分析、环境分析等。

10. 离子色谱仪（IC）

型号：ICS – 1000

产地：中国

主要应用：

离子色谱是高效液相色谱的一种，故又称高效离子色谱（HPIC）或现代离子色谱，其有别于传统离子交换色谱柱色谱的主要表现是树脂具有很高的交联度和较低的交换容量，进样体积很小，用柱塞泵输送淋洗液通常对淋出液进行在线自动连续电导检测。离子色谱仪广泛应用于自来水、环境、防疫、卫生等多个领域阴阳离子的测定。

11. 总有机碳（TOC）分析仪

型号：LiquiTOC

产地：德国

主要应用：

可分析溶液中的 TOC、NPOC、TC、TIC、POC（VOC）、DOC 指标含量，检测器特别灵敏，分析准确度高，操作简便。

12. 扫描电子显微镜

型号：Carl Zeiss EVO LS10

产地：德国

主要应用：

应用于金属材料（钢铁、冶金、有色、机械加工）和非金属材料（化学、化工、石油、地质矿物学、橡胶、纺织、水泥、玻璃纤维）等的检验和研究。在材料科学研究、金属材料、陶瓷材料、半导体材料、化学材料等领域进行材料的微观形貌、组织、成分分析，还进行各种材料的形貌组织观察，材料断口分析和失效分析，材料实时微区成分分析，元素定量、定性成分分析，快速的多元素面扫描和线扫描分布测量，晶体、晶粒的相鉴定，晶粒尺寸、形状分析，晶体、晶粒取向测量。

13. 表面积及微孔隙仪红外线光谱仪

型号：THERMO NICOLET 6700

产地：美国

主要应用：

主要应用于基础化学、生物化学、环境化学、化工、材料、机械、食品、轻工、生物化工、天然产物分析和化学合成等化合物的结构分析。

14. 红外线光谱仪

型号：ASAP2020M

产地：美国

主要应用：

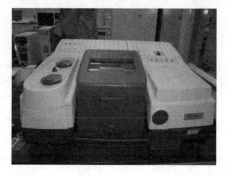

主要应用于电池行业中的储能材料、化工行业中的催化剂材料、橡胶行业中的补强剂、建筑行业中的黏结剂（水泥及陶瓷）、化妆品、食品等行业比表面积及微孔隙的测量。该设备提供了测定 H_2 气体绝对压力的吸附等温线，增强了在燃料电池方面的应用。

三、环境污染专业术语

1. 酸雨

指 pH 值低于 5.6 的大气降水，包括雨、雪、雾、露、霜。由于空气中含有二氧化碳，而二氧化碳溶于水后使水变成弱酸性，因此大气降水通常情况下就具有一定的酸性，但是正常降水的 pH 值不会低于 5.6。

2. 颗粒物

指大气中或气流中极细微的固体颗粒物。它是一项综合指标，用以表示气流中具有不同化学组成的细微固体颗粒物的浓度。

3. 总悬浮颗粒物（TSP）

指漂浮在空气中的固态和液态颗粒物的总称，空气动力学当量直径 $\leqslant 100 \mu m$ 的颗粒物。

4. 可吸入颗粒物（PM10）

通常把粒径在 $10 \mu m$ 以下的颗粒物称为 PM10，又称为可吸入颗粒物或飘尘。可吸入颗粒物（PM10）在环境空气中持续的时间很长，对人体健康和大气能见度影响都很大。

5. 可吸入颗粒物（PM 2.5）

通常把粒径在 $2.5 \mu m$ 以下的颗粒物称为 PM 2.5，又称为可入肺颗粒，能够进入人体肺泡甚至血液系统中，直接导致心血管病等疾病。PM 2.5 的比表面积较大，通常富集各种重金属元素，如 As、Se、Pb、Cr 等和 PAHs、PCDD/Fs、VOCs 等有机污染物，这些多为致癌物质和基因毒性诱变物质，危害极大。

6. 分贝（dB）

分贝是声压级单位，记为 dB。用于表示声音的大小。1 dB 大约是人刚刚能感觉到的声音。适宜的生活环境不应超过 45 dB，不应低于 15 dB。

7. pH 值

氢离子浓度指数的简称，是溶液酸碱度的一种表示方法。酸性溶液的 pH 值小于 7，溶液的酸性越强，pH 值就越小；碱性溶液的 pH 值大于 7，溶液的碱性越强，pH 值就越大。

8. 化学需氧量（COD）

又称化学耗氧量，用强氧化剂——重铬酸钾或高锰酸钾，在酸性条件下将有机物氧化为水和二氧化碳时所测出的耗氧量。它是用以表征废水特性的一项综合指标，COD 的数值越大，则水体污染越严重。一般洁净饮用水的 COD 值为几至十几毫克每升。

9. 生化需氧量（BOD）

表示在氧条件下，好氧微生物氧化分解单位体积水中有机物所消耗的游离氧的数量。它是用于定量表示废水中生物降解物质进行氧化所需要的氧量的一项指标。水中有机物越多，水的 BOD 就愈高。实际工作中以 20℃下培养 5 日后 1 L 水样中消耗溶解氧的毫克数来表示，称 5 日生化需氧量，缩写为 BOD_5。

10. 二氧化硫（SO_2）

是一种无色的中等刺激性气体，主要来自燃烧含硫燃料。空气中的二氧化硫大部分来自发电（燃煤电厂）及工业生产（燃煤锅炉）过程。吸入二氧化硫可使人类的呼吸系统功能受损，加重呼吸系统疾病（尤其是支气管炎）及心血管病。

11. 难降解有机污染物

亦称持久性有机污染物（POPS）。一般分成三类：农业用化学品（杀虫剂）、工业用化学药品和工业过程及固体废弃物燃烧过程中产生的副产品。

12. 总需氧量（TOD）

指有机物完全被氧化的需氧量。

13. 总有机碳（TOC）

表示污水中有机污染物的总含碳量。

14. 悬浮物（SS）

指通过过滤法测定的，滤后在滤膜或滤纸上截留下来的物质。它包括不溶于水的泥砂、各种污染物、微生物及难溶无机物等水中的固体污染物。

15. 溶解氧（DO）

是指溶解在生活污水或其他液体中的分子氧的量。

16. 有机污染物

是指以碳水化合物、蛋白质、脂肪、氨基酸等形式存在的天然有机物质及某些其他可生物降解人工合成的有机物质。这些有机物质主要来自生活污水和一部分工业废水。水中的有机物始终是造成水体污染最严重的污染物，它是水变质、变黑、发臭的主要罪魁祸首。用生物处理方法是除去水中有机物最经济有效的手段，特别是对 BOD 含量较高的有机废水，采用生物处理的办法更为适宜。

17. 油类污染物

油类污染物主要来自含油废水，当水体含油量达 0.01mg/L 可使鱼肉带有一种特殊的油腻气味而不能食用。水体中的油量稍多时，在水面上形成一层油膜，使大气与水面隔绝，破坏了正常的充氧条件，导致水体缺氧；油膜还能附着于鱼鳃上，使鱼类窒息而死。

18. 生物污染物

是指废水中含有的有害微生物。生活污水、制革废水、医院废水中都含有相当数量的有害微生物，如病原菌、炭疽菌、病毒及寄生性虫卵等。

19. 营养物质污染

是指 N、P、K 等营养物质引起的污染。在人类生产和生活活动中，大量的有机物和化肥用量的 50% 以上未能被作物吸收利用的 N、P、K 等营养物质大量进入河流、湖泊、海湾等缓流水域，引起不良藻类和其他浮游生物迅速繁殖，水体溶解氧含量下降，水质恶化，鱼类及其他生物大量死亡，这种现象叫富营养化。水体出现富营养化时浮游生物大量繁殖，因占优势的生物颜色不同，水面往往呈蓝色、红色、棕色、乳白色等。这种现象在江河湖泊中称为水华，在海洋中则称为赤潮。

20. 重金属污染

相对密度在 5 以上的金属统称为重金属，如金、银、铜、铅、锌、镍、钴、镉、铬和汞等 45 种。从环境污染方面所说的重金属，实际上主要是指汞、镉、铅、铬以及类金属砷等生物毒性显著的重金属，也指具有一定毒性的一般重金属如锌、铜、钴、镍、锡等。目前最引起人们注意的是汞、镉、铬等。由重金属造成的环境污染称为重金属污染。

21. 固体废物处置

指将固体废物焚烧和用其他改变固体废物的物理、化学、生物特性的方法，达到减少已产生的固体废物数量，缩小固体废物体积，减少或者消除其危险成分的活动，或者将固体废物最终置于符合环境保护规定要求的填埋场的活动。

22. 危险废物

列入国家危险废物名录或者根据国家规定的危险废物鉴别标准和鉴别方法认定的具有危险特性的废物。

四、常用环境标准

1. 典型生活污水水质标准（附表 5）

附表 5　典型生活污水水质指标

序号	指标	浓度/（mg·L⁻¹）			序号	指标	浓度/（mg·L⁻¹）		
		高	中常	低			高	中常	低
1	总固体（TS）	1200	720	350	9	生化需氧量（BOD₅）	400	200	100
2	溶解性总固体	850	500	250	10	溶解性	200	100	50
3	非挥发性	525	300	145	11	悬浮性	200	100	50
4	挥发性	325	200	105	12	总有机碳（TOC）	290	160	80
5	悬浮物（SS）	350	220	100	13	化学需氧量（COD）	1000	400	250
6	非挥发性	75	55	20	14	溶解性	400	150	100
7	挥发性	275	165	80	15	可生物降解	750	300	200
8	可沉降物	20	10	5	16	部分溶解性	375	150	100

序号	指标	浓度/（mg·L⁻¹）			序号	指标	浓度/（mg·L⁻¹）		
		高	中常	低			高	中常	低
17	悬浮性	375	150	100	23	总磷（TP）	15	8	4
18	总氮（TN）	85	10	20	24	有机磷	5	3	1
19	有机氮	35	15	8	25	无机磷	10	5	3
20	游离氨	50	25	12	26	氯化物（Cl⁻）	200	100	60
21	亚硝酸盐	0	0	0	27	碱度（CaCO₃）	200	100	50
22	硝酸盐	0	0	0	28	油脂	150	100	50

2. 水环境保护水体质量标准（附表6）

附表6　水环境保护水体质量标准

序号	标准编号	标准名称
1	GB 3097—1997	中华人民共和国海水水质标准
2	GB 5084—1992	农田灌溉水质标准
3	GB 12941—1991	景观娱乐用水水质标准
4	GB 3838—1988	地面水环境质量标准
5	GJ 3020—1993	生活饮用水水源水质标准

注：（1）GB 为国家强制标准；
　　（2）GJ 为城镇建设行业标准。

3. 环境保护水体排放标准（附表7）

附表7　环境保护水体排放标准

序号	标准编号	标准名称
1	GB 8978—1996	污水综合排放标准
2	GB 15580—1995	磷肥工业水污染物排放标准
3	GB 14470.1—2002	兵器工业水污染物排放标准（火炸药）
4	GB 14470.2—2002	兵器工业水污染物排放标准（火工品）
5	GB 14470.3—2002	兵器工业水污染物排放标准（弹药装药）
6	GB 13457—1992	肉类加工工业水污染物排放标准
7	GB 15581—1995	烧碱、聚氯乙烯工业水污染物排放标准
8	GB 13456—1992	钢铁工业水污染物排放标准
9	GB 4287—1992	纺织染整工业水污染物排放标准
10	GB 13458—2001	合成氨工业水污染物排放标准
11	GB 8978—1996	污水综合排放标准

序号	标准编号	标准名称
12	GB 3552—1983	船舶污染物排放标准
13	GW 3544—2001	造纸工业水污染物排放标准
14	GWPB 4—1999	合成氨工业水污染物排放标准
15	GB 19431—2004	味精工业污染物排放标准
16	GB 19430—2004	柠檬酸工业污染物排放标准

注：（1）GB 为国家强制标准；

（2）GWPB 为国家污染物排放标准。

五、基本单位换算表

长度换算

1 千米（km）=0.621 英里（mile）

1 厘米（cm）=0.394 英寸（in）

1 米（m）=3.281 英尺（ft）=1.094 码（yd）

1 英寻（fm）=1.829（m）

1 英寸（in）=2.54 厘米（cm）

1 英尺（ft）=12 英寸（in）=0.3048 米（m）

1 英里（mile）=5280 英尺（ft）=1.609 千米（km）

1 杆（rad）=16.5 英尺（ft）

1 码（yd）=3 英尺（ft）=0.9144 米（m）

1 海里（n mile）=1.852 千米（km）

1 海里（n mile）=1.1516 英里（mile）

压力换算

1 千帕（kPa）=0.145 磅力/英寸^2（psi）=0.0102 千克力/厘米^2（kgf/cm^2）

1 磅力/英寸^2（psi）=6.895 千帕（kPa）=0.0703 千克力/厘米^2（kg/cm^2）

1 物理大气压（atm）=101.325 千帕（kPa）=14.696 磅/英寸^2（psi）=1.0333 巴（bar）

1 毫米水柱（mmH$_2$O）=9.80665 帕（Pa）

1 毫米汞柱（mmHg）=133.322 帕（Pa）

1 巴（bar）=10^5 帕（Pa）

1 托（Torr）=133.322 帕（Pa）

1 工程大气压=98.0665 千帕（kPa）

1 达因/厘米^2（dyn/cm^2）=0.1 帕（Pa）

六、常见缩写

环境化学

PAHs：多环芳烃（Polycyclic Aromatic Hydrocarbon）

PBDEs：多溴二苯醚（Polybrominated Diphenyl Ethers）

PAN：过氧乙酰硝酸酯（Peroxyacetyl Nitrate）

PCDD：多氯二苯并二恶英（Polychlorinated Dibenzo – p – dioxin）

PCDF：多氯二苯并呋喃（Polychlorinated Bibenzo – furan）

PCBs：多氯联苯（Polychlorinated Biphenyls）

POPs：持久性有机污染物（Persistent Organic Pollutants）

PTS：持久性有毒污染物（Persistent Toxic Substances）

大气

ESP：静电除尘（Electrostatic Precipitator）

HEPA：高效空气过滤器（High Efficiency Particulate Air Filter）

VOCs：挥发性有机化合物（Volatile Organic Compounds）

SCR：选择性催化还原（Selective Catalytic Reduction）

SNCR：选择性非催化还原（Selective Noncatalytic Reduction）

TSP：总悬浮颗粒物（Total Suspended Particulate）

API：空气污染指数（Air Pollution Index）

水处理

BOD：生物化学需氧量（Biochemical Oxygen Demand）

COD：化学需氧量（Chemical Oxygen Demand）

DO：溶解氧（dissolved oxygen）

TOC：总有机碳（Total Organic Carbon）

TOD：总需氧量（Total Oxygen Demand）

THC：总碳氢化合物（Total Hydrogen Carbonide）

ThOC：理论总有机碳（Total Organic Carbon）

ThOD：理论总需氧量（Total Oxygen Demand）

TKN：总凯氏氮（Total Kjeldahl Nitrogen）

TSS：悬浮固体总量（Total Suspended Solid）

TP：总磷（Total Phosphorus）

TON：总有机氮（Total Oxygen Nitrogen）

TYS：挥发固体总量（Total Volatile Solid）

SVI：污泥体积指数（Sludge Volume Index）

DS：溶解固体（Dissolved Solid）

HRT：水力停留时间（Hydraulic Retention Time）

MAC：最大允许浓度（Maximum Allowable Concentration）

MLSS：混合液悬浮固体浓度（Mixed Liquor Suspended Solids）

OC：耗氧量（Oxygen Consumption）

OLR：有机负荷率（Organic Load Rate）

PSB：光合细菌（Photosynthetic Bacteria）

SRT：污泥停留时间（Sludge Retention Time），也就是污泥泥龄

SS：悬浮固体（Special Stage）

UOD：极限需氧量（Ultimate Oxygen Demand）

VFA：挥发性脂肪酸（Volatile Fatty Acid）

VSS：挥发性悬浮固体（Volatile Suspended Solid）

SBR：序列间歇式活性污泥法（Sequencing Batch Reactor Activated Sludge Process），又称序批式活性污泥法

AF：厌氧滤池（Anaerobic Filter）

CASS：循环活性污泥系统（Cyclic Activated Sludge System）

CFS：连续流系统（Continuous Flow System）

CSTR：连续减半反应池（Continuous Stirred Tank Reactor）

EGSB：颗粒污泥膨胀床（Expanded Granular Sludge Bed）

FBR：流化床生物反应器（Fluidized Bioreactor）

IC：内循环反应器（Internal Circulation）

ICEAS：间歇式循环延时曝气系统（Intermittent Cycle Extended Aeration System）

IDEA：间歇排水延时曝气系统（Intermittently Decanted Extended Aeration）

UASB：升流式厌氧污泥床（Up - flow Anaerobic Sludge Bed）

七、元素周期表

图例说明

- 金属
- 非金属
- 过渡元素
- 待确认

示例：

- 原子序数 92 U
- 元素名称* 铀
- 外围电子层排布 $5f^3 6d^1 7s^2$
- 相对原子质量 238.0
- 红色指放射性元素
- 括号指可能的电子层排布
- *注是人造元素

电子层族数（K L M N O P Q）

0族	K	L	M	N	O	P	Q
2 He	2						
10 Ne	2	8					
18 Ar	2	8	8				
36 Kr	2	8	18	8			
54 Xe	2	8	18	18	8		
86 Rn	2	8	18	32	18	8	
118 Uuo	2	8	18	32	32	18	8

主表

周期＼族	IA	IIA	IIIB	IVB	VB	VIB	VIIB	VIII			IB	IIB	IIIA	IVA	VA	VIA	VIIA	0
1	1 H 氢 $1s^1$ 1.008																	2 He 氦 $1s^2$ 4.003
2	3 Li 锂 $2s^1$ 6.941	4 Be 铍 $2s^2$ 9.012											5 B 硼 $2s^2 2p^1$ 10.81	6 C 碳 $2s^2 2p^2$ 12.01	7 N 氮 $2s^2 2p^3$ 14.01	8 O 氧 $2s^2 2p^4$ 16.00	9 F 氟 $2s^2 2p^5$ 19.00	10 Ne 氖 $2s^2 2p^6$ 20.18
3	11 Na 钠 $3s^1$ 22.99	12 Mg 镁 $3s^2$ 24.31											13 Al 铝 $3s^2 3p^1$ 26.98	14 Si 硅 $3s^2 3p^2$ 28.09	15 P 磷 $3s^2 3p^3$ 30.97	16 S 硫 $3s^2 3p^4$ 32.07	17 Cl 氯 $3s^2 3p^5$ 35.45	18 Ar 氩 $3s^2 3p^6$ 39.95
4	19 K 钾 $4s^1$ 39.1	20 Ca 钙 $4s^2$ 40.08	21 Sc 钪 $3d^1 4s^2$ 44.96	22 Ti 钛 $3d^2 4s^2$ 47.87	23 V 钒 $3d^3 4s^2$ 50.94	24 Cr 铬 $3d^5 4s^1$ 52.00	25 Mn 锰 $3d^5 4s^2$ 54.94	26 Fe 铁 $3d^6 4s^2$ 55.85	27 Co 钴 $3d^7 4s^2$ 58.93	28 Ni 镍 $3d^8 4s^2$ 58.69	29 Cu 铜 $3d^{10} 4s^1$ 63.55	30 Zn 锌 $3d^{10} 4s^2$ 65.39	31 Ga 镓 $4s^2 4p^1$ 69.72	32 Ge 锗 $4s^2 4p^2$ 72.61	33 As 砷 $4s^2 4p^3$ 74.92	34 Se 硒 $4s^2 4p^4$ 78.96	35 Br 溴 $4s^2 4p^5$ 79.90	36 Kr 氪 $4s^2 4p^6$ 83.80
5	37 Rb 铷 $5s^1$ 85.47	38 Sr 锶 $5s^2$ 87.62	39 Y 钇 $4d^1 5s^2$ 88.91	40 Zr 锆 $4d^2 5s^2$ 91.22	41 Nb 铌 $4d^4 5s^1$ 92.91	42 Mo 钼 $4d^5 5s^1$ 95.94	43 Tc 锝 $4d^5 5s^2$ [99]	44 Ru 钌 $4d^7 5s^1$ 101.1	45 Rh 铑 $4d^8 5s^1$ 102.9	46 Pd 钯 $4d^{10}$ 106.4	47 Ag 银 $4d^{10} 5s^1$ 107.9	48 Cd 镉 $4d^{10} 5s^2$ 112.4	49 In 铟 $5s^2 5p^1$ 114.8	50 Sn 锡 $5s^2 5p^2$ 118.7	51 Sb 锑 $5s^2 5p^3$ 121.8	52 Te 碲 $5s^2 5p^4$ 127.6	53 I 碘 $5s^2 5p^5$ 126.9	54 Xe 氙 $5s^2 5p^6$ 131.3
6	55 Cs 铯 $6s^1$ 132.9	56 Ba 钡 $6s^2$ 137.3	57-71 La-Lu 镧系	72 Hf 铪 $5d^2 6s^2$ 178.5	73 Ta 钽 $5d^3 6s^2$ 180.9	74 W 钨 $5d^4 6s^2$ 183.8	75 Re 铼 $5d^5 6s^2$ 186.2	76 Os 锇 $5d^6 6s^2$ 190.2	77 Ir 铱 $5d^7 6s^2$ 192.2	78 Pt 铂 $5d^9 6s^1$ 195.1	79 Au 金 $5d^{10} 6s^1$ 197.0	80 Hg 汞 $5d^{10} 6s^2$ 200.6	81 Tl 铊 $6s^2 6p^1$ 204.4	82 Pb 铅 $6s^2 6p^2$ 207.2	83 Bi 铋 $6s^2 6p^3$ 209.0	84 Po 钋 $6s^2 6p^4$ [209]	85 At 砹 $6s^2 6p^5$ [210]	86 Rn 氡 $6s^2 6p^6$ [222]
7	87 Fr 钫 $7s^1$ [223]	88 Ra 镭 $7s^2$ 226.0	89-103 Ac-Lr 锕系	104 Rf 鿩* $(6d^2 7s^2)$ [265.1]	105 Db 𨧀* $(6d^3 7s^2)$ [268.1]	106 Sg 𨭎* $(6d^4 7s^2)$ [271.1]	107 Bh 𨨏* $(6d^5 7s^2)$ [270.1]	108 Hs 𨭆* $(6d^6 7s^2)$ [277.2]	109 Mt 鿏* $(6d^7 7s^2)$ [276.2]	110 Ds 𫟼* $(6d^8 7s^2)$ [281.2]	111 Rg 𬬭* [280.2]	112 Cn 鎶 [285.2]	113 Uut [284.2]	114 Fl [289.2]	115 Uup [289.2]	116 Lv [283.2]	117 Uus [294.2]	118 Uuo [294.2]

镧系

57 La 镧 $5d^1 6s^2$ 138.9	58 Ce 铈 $4f^1 5d^1 6s^2$ 140.1	59 Pr 镨 $4f^3 6s^2$ 140.9	60 Nd 钕 $4f^4 6s^2$ 144.2	61 Pm 钷 $4f^5 6s^2$ [147]	62 Sm 钐 $4f^6 6s^2$ 150.4	63 Eu 铕 $4f^7 6s^2$ 152.0	64 Gd 钆 $4f^7 5d^1 6s^2$ 157.3	65 Tb 铽 $4f^9 6s^2$ 158.9	66 Dy 镝 $4f^{10} 6s^2$ 162.5	67 Ho 钬 $4f^{11} 6s^2$ 164.9	68 Er 铒 $4f^{12} 6s^2$ 167.3	69 Tm 铥 $4f^{13} 6s^2$ 168.9	70 Yb 镱 $4f^{14} 6s^2$ 173.0	71 Lu 镥 $4f^{14} 5d^1 6s^2$ 175.0

锕系

89 Ac 锕 $6d^1 7s^2$ 227.0	90 Th 钍 $6d^2 7s^2$ 232.0	91 Pa 镤 $5f^2 6d^1 7s^2$ 231.0	92 U 铀 $5f^3 6d^1 7s^2$ 238.0	93 Np 镎 $5f^4 6d^1 7s^2$ 237.0	94 Pu 钚 $5f^6 7s^2$ [244]	95 Am 镅* $5f^7 7s^2$ [243]	96 Cm 锔* $5f^7 6d^1 7s^2$ [247]	97 Bk 锫* $5f^9 7s^2$ [247]	98 Cf 锎* $5f^{10} 7s^2$ [251]	99 Es 锿* $5f^{11} 7s^2$ [252]	100 Fm 镄* $5f^{12} 7s^2$ [257]	101 Md 钔* $5f^{13} 7s^2$ [258]	102 No 锘* $(5f^{14} 7s^2)$ [259]	103 Lr 铹* $(5f^{14} 6d^1 7s^2)$ [260]